无机化学探究式教学丛书

第1分册

物质的聚集状态及晶体结构基础

主　编　高玲香

副主编　王　潇　谢遵园

科学出版社

北　京

内 容 简 介

本书是"无机化学探究式教学丛书"的第 1 分册。全书共 3 章，包括物质的聚集状态、物质的常三态和晶体的微观结构。编写时力图体现内容和形式的创新，紧跟学科发展前沿。作为基础无机化学教学的辅助用书，本书的宗旨是以促进学生科学素养的发展为出发点，突出创新思维和科学研究方法，以教师好使用、学生好自学为努力方向，以提高教学质量、促进人才培养为目标。

本书可供高等学校化学及相关专业师生、中学化学教师以及从事化学相关研究的科研人员和技术人员参考使用。

图书在版编目(CIP)数据

物质的聚集状态及晶体结构基础 / 高玲香主编. —北京：科学出版社，2022.2

(无机化学探究式教学丛书；第 1 分册)

ISBN 978-7-03-067824-9

Ⅰ. ①物… Ⅱ. ①高… Ⅲ. ①无机化学－高等学校－教材 Ⅳ. ①O61

中国版本图书馆 CIP 数据核字(2020)第 264766 号

责任编辑：陈雅娴 李丽娇 / 责任校对：杨 赛
责任印制：张 伟 / 封面设计：无极书装

科 学 出 版 社 出版
北京东黄城根北街 16 号
邮政编码：100717
http://www.sciencep.com

北京中科印刷有限公司 印刷
科学出版社发行 各地新华书店经销

*

2022 年 2 月第 一 版 开本：720 × 1000 1/16
2023 年 7 月第二次印刷 印张：12 3/4
字数：238 000

定价：108.00 元
(如有印装质量问题，我社负责调换)

"无机化学探究式教学丛书"
编写委员会

顾　问　郑兰荪　朱亚先　王颖霞　朱玉军

主　编　薛　东　高玲香

副主编　翟全国　张伟强　刘志宏

编　委（按姓名汉语拼音排序）

策　划　胡满成　高胜利

序

教材是教学的基石，也是目前化学教学相对比较薄弱的环节，需要在内容上和形式上不断创新，紧跟科学前沿的发展。为此，教育部高等学校化学类专业教学指导委员会经过反复研讨，在《化学类专业教学质量国家标准》的基础上，结合化学学科的发展，撰写了《化学类专业化学理论教学建议内容》一文，发表在《大学化学》杂志上，希望能对大学化学教学、包括大学化学教材的编写起到指导作用。

通常在本科一年级开设的无机化学课程是化学类专业学生的第一门专业课程。课程内容既要衔接中学化学的知识，又要提供后续物理化学、结构化学、分析化学等课程的基础知识，还要教授大学本科应当学习的无机化学中"元素化学"等内容，是比较特殊的一门课程，相关教材的编写因此也是大学化学教材建设的难点和重点。陕西师范大学无机化学教研室在教学实践的基础上，在该校及其他学校化学学科前辈的指导下，编写了这套"无机化学探究式教学丛书"，尝试突破已有教材的框架，更加关注基本原理与实际应用之间的联系，以专题设置较多的科研实践内容或者学科交叉栏目，努力使教材内容贴近学科发展，涉及相当多的无机化学前沿课题，并且包含生命科学、环境科学、材料科学等相关学科内容，具有更为广泛的知识宽度。

与中学教学主要"照本宣科"不同，大学教学具有较大的灵活性。教师授课在保证学生掌握基本知识点的前提下，应当让学生了解国际学科发展与前沿、了解国家相关领域和行业的发展与知识需求、了解中国科学工作者对此所作的贡献，启发学生的创新思维与批判思维，促进学生的科学素养发展。因此，大学教材实际上是教师教学与学生自学的参考书，这套"无机化学探究式教学丛书"丰富的知识内容可以更好地发挥教学参考书的作用。

我赞赏陕西师范大学教师们在教学改革和教材建设中勇于探索的精神和做

法，并希望该丛书的出版发行能够得到教师和学生的欢迎和反馈，使编者能够在应用的过程中吸取意见和建议，结合学科发展和教学实践，反复锤炼，不断修改完善，成为一部经典的基础无机化学教材。

中国科学院院士　郑兰荪

2020 年秋

丛书出版说明

　　本科一年级的无机化学课程是化学学科的基础和母体。作为学生从中学步入大学后的第一门化学主干课程，它在整个化学教学计划的顺利实施及培养目标的实现过程中起着承上启下的作用，其教学效果的好坏对学生今后的学习至关重要。一本好的无机化学教材对培养学生的创新意识和科学品质具有重要的作用。进一步深化和加强无机化学教材建设的需求促进了无机化学教育工作者的探索。我们希望静下心来像做科学研究那样做教学研究，研究如何编写与时俱进的基础无机化学教材，"无机化学探究式教学丛书"就是我们积极开展教学研究的一次探索。

　　我们首先思考，基础无机化学教学和教材的问题在哪里。在课堂上，教师经常面对学生学习兴趣不高的情况，尽管原因多样，但教材内容和教学内容陈旧是重要原因之一。山东大学张树永教授等认为：所有的创新都是在兴趣驱动下进行积极思维和创造性活动的结果，兴趣是创新的前提和基础。他们在教学中发现，学生对化学史、化学领域的新进展和新成就，对化学在高新技术领域的重大应用、重要贡献都表现出极大的兴趣和感知能力。因此，在本科教学阶段重视激发学生的求知欲、好奇心和学习兴趣是首要的。

　　有不少学者对国内外无机化学教材做了对比分析。我们也进行了研究，发现国内外无机化学教材有很多不同之处，概括起来主要有如下几方面：

　　(1) 国外无机化学教材涉及知识内容更多，不仅包含无机化合物微观结构和反应机理等，还涉及相当多的无机化学前沿课题及学科交叉的内容。国内无机化学教材知识结构较为严密、体系较为保守，不同教材的知识体系和内容基本类似。

　　(2) 国外无机化学教材普遍更关注基本原理与实际应用之间的联系，设置较多的科研实践内容或者学科交叉栏目，可读性强。国内无机化学教材知识专业性强但触类旁通者少，应用性相对较弱，所设应用栏目与知识内容融合性略显欠缺。

　　(3) 国外无机化学教材十分重视教材的"教育功能"，所有教材开篇都设有使用指导、引言等，帮助教师和学生更好地理解各种内容设置的目的和使用方法。另外，教学辅助信息量大、图文并茂，这些都能够有效发挥引导学生自主探究的作用。国内无机化学教材普遍十分重视化学知识的准确性、专业性，知识模块的逻辑性，往往容易忽视教材本身的"教育功能"。

依据上面的调研，为适应我国高等教育事业的发展要求，陕西师范大学无机化学教研室在请教无机化学界多位前辈、同仁，以及深刻学习领会教育部高等学校化学类专业教学指导委员会制定的"高等学校化学类专业指导性专业规范"的基础上，对无机化学课堂教学进行改革，并配合教学改革提出了编写"无机化学探究式教学丛书"的设想。作为基础无机化学教学的辅助用书，其宗旨是大胆突破现有的教材框架，以利于促进学生科学素养发展为出发点，以突出创新思维和科学研究方法为导向，以利于教与学为努力方向。

1. 教学丛书的编写目标

(1) 立足于高等理工院校、师范院校化学类专业无机化学教学使用和参考，同时可供从事无机化学研究的相关人员参考。

(2) 不采取"拿来主义"，编写一套因不同而精彩的新教材，努力做到素材丰富、内容编排合理、版面布局活泼，力争达到科学性、知识性和趣味性兼而有之。

(3) 学习"无机化学丛书"的创新精神，力争使本教学丛书成为"半科研性质"的工具书，力图反映教学与科研的紧密结合，既保持教材的"六性"(思想性、科学性、创新性、启发性、先进性、可读性)，又能展示学科的进展，具备研究性和前瞻性。

2. 教学丛书的特点

(1) 教材内容"求新"。"求新"是指将新的学术思想、内容、方法及应用等及时纳入教学，以适应科学技术发展的需要，具备重基础、知识面广、可供教学选择余地大的特点。

(2) 教材内容"求精"。"求精"是指在融会贯通教学内容的基础上，首先保证以最基本的内容、方法及典型应用充实教材，实现经典理论与学科前沿的自然结合。促进学生求真学问，不满足于"碎、浅、薄"的知识学习，而追求"实、深、厚"的知识养成。

(3) 充分发挥教材的"教育功能"，通过基础课培养学生的科研素质。正确、适时地介绍无机化学与人类生活的密切联系，无机化学当前研究的发展趋势和热点领域，以及学科交叉内容，因为交叉学科往往容易产生创新火花。适当增加拓展阅读和自学内容，增设两个专题栏目：历史事件回顾，研究无机化学的物理方法介绍。

(4) 引入知名科学家的思想、智慧、信念和意志的介绍，重点突出中国科学家对科学界的贡献，以利于学生创新思维和家国情怀的培养。

3. 教学丛书的研究方法

正如前文所述，我们要像做科研那样研究教学，研究思想同样蕴藏在本套教学丛书中。

(1) 凸显文献介绍，尊重历史，还原历史。我国著名教育家、化学家傅鹰教授曾经多次指出："一门科学的历史是这门科学中最宝贵的一部分，因为科学只能给我们知识，而历史却能给我们智慧。"基础课教材适时、适当引入化学史例，有助于培养学生正确的价值观，激发学生学习化学的兴趣，培养学生献身科学的精神和严谨治学的科学态度。我们尽力查阅了一般教材和参考书籍未能提供的必要文献，并使用原始文献，以帮助学生理解和学习科学家原始创新思维和科学研究方法。对原理和历史事件，编写中力求做到尊重历史、还原历史、客观公正，对新问题和新发展做到取之有道、有根有据。希望这些内容也有助于解决青年教师备课资源匮乏的问题。

(2) 凸显学科发展前沿。教材创新要立足于真正起到导向的作用，要及时、充分反映化学的重要应用实例和化学发展中的标志性事件，凸显化学新概念、新知识、新发现和新技术，起到让学生洞察无机化学新发展、体会无机化学研究乐趣，延伸专业深度和广度的作用。例如，氢键已能利用先进科学手段可视化了，多数教材对氢键的介绍却仍停留在"它是分子间作用力的一种"的层面，本丛书则尝试从前沿的视角探索氢键。

(3) 凸显中国科学家的学术成就。中国已逐步向世界科技强国迈进，无论在理论方面，还是应用技术方面，中国科学家对世界的贡献都是巨大的。例如，唐敖庆院士、徐光宪院士、张乾二院士对簇合物的理论研究，赵忠贤院士领衔的超导研究，张青莲院士领衔的原子量测定技术，中国科学院近代物理研究所对新核素的合成技术，中国科学院大连化学物理研究所的储氢材料研究，我国矿物浮选的新方法研究等，都是走在世界前列的。这些事例是提高学生学习兴趣和激发爱国热情最好的催化剂。

(4) 凸显哲学对科学研究的推进作用。科学的最高境界应该是哲学思想的体现。哲学可为自然科学家提供研究的思维和准则，哲学促使研究者运用辩证唯物主义的世界观和方法论进行创新研究。

徐光宪院士认为，一本好的教材要能经得起时间的考验，秘诀只有一条，就是"千方百计为读者着想"[徐光宪. 大学化学, 1989, 4(6): 15]。要做到：①掌握本课程的基础知识，了解本学科的最新成就和发展趋势；②在读完这本书和做完每章的习题后，在潜移默化中学到科学的思考方法、学习方法和研究方法，能够用学到的知识分析和解决遇到的问题；③要易学、易懂、易教。朱清时院士认为最好的基础课教材应该要尽量保持系统性，即尽量保证系统、清晰、易懂。清晰、易懂就是自学的人拿来读都能够引人入胜[朱清时. 中国大学教学, 2006, (08): 4]。我们的探索就是朝这个方向努力的。

创新是必须的，也是艰难的，这套"无机化学探究式教学丛书"体现了我们改革的决心，更凝聚了前辈们和编者们的集体智慧，希望能够得到大家认可。欢迎专家和同行提出宝贵建议，我们定将努力使之不断完善，力争将其做成良心之作、创新之作、特色之作、实用之作，切实体现中国无机化学教材的民族特色。

"无机化学探究式教学丛书"编写委员会

2020 年 6 月

前　言

　　本书为"无机化学探究式教学丛书"第 1 分册,本书的编写秉承系列教材的宗旨:既立足于理工科、师范类和普通高校本科一年级师生的教与学,也能基本满足从事无机化学研究人员的参考需求。

　　本分册的内容在基础无机化学教学中往往放在第一章,既与高中化学内容衔接,又是大学化学的起点。但作为大学课程,它不是一般高中内容的总结和引申,而应该是高阶性的,具有创新性和挑战度。为此,编者进行了一些探索,以期在传授知识的同时,又能引导学生走进化学,使学生热爱化学。

　　国内外大多数主流教材中,将本书内容定位为"物质的状态"或"化学基础知识"等,包括气体、液体、固体基本知识,与高中化学内容重叠较多,拓展部分较少。本书在内容结构上进行了调整,分为物质的聚集状态、物质的常三态、晶体的微观结构 3 章。既考虑了基础知识的连贯性、系统性,教学体系的完整性和科学性,又将学科最新成就和发展趋势引入教材,着力体现基础课培养学生科研意识的理念。

　　本书在编写中特别注意以下几个问题的探索性研究:

　　(1) 概念的准确性和延伸。① 把"物质的状态"改为"物质的聚集状态",可能更为合适。因为凝聚态是指由大量粒子组成并且粒子间有很强的相互作用的系统,能将聚集状态的宏观和微观关联,随后讲述聚集状态的多样性及其与温度、压力的关系。② 以冰的物态转变说明转变不只受高压影响,也存在负压的影响。③ 在晶体的微观结构部分,除介绍完美晶体的微观结构特征和基本性质外,还简单介绍了晶体缺陷和准晶体。

　　(2) 易混淆之处的明晰。① 在国际单位制新标准于 2019 年 5 月 20 日起正式生效,即国际测量体系有史以来第一次全部采用自然恒量的新国际单位制背景下,介绍阿伏伽德罗常量和摩尔的历史,以及如何实现其准确测定。② 大多数教材介绍"水的三相点与冰点的温度之差"的概念比较模糊,本书对此再进行讨论。

　　(3) 将学科发展前沿内容合理渗透于教材中。① 超导态、超流态、等离子体态的应用和物质第五态——玻色-爱因斯坦凝聚态的研究。② 气体扩散定律的新用途，以及可燃冰的结构和开发、准晶体的概念和应用、黑洞的最新研究进展等。

(4) 介绍了相图的概念和应用。虽然相图知识归于物理化学范畴，但无机制备是化学的一个重要内容，理解了相图就可以克服制备的盲目性，这部分内容起热力学理论指导作用。

(5) 注重科学问题的背景探索。查阅了大量原始文献，力求做到尊重历史、还原历史，对新问题的介绍有根有据。

(6) 彰显中国科学家的研究成果对世界科学发展所做出的重要贡献是本书的一大特点。利用身边真实的事例，提高学生的学习兴趣，激发他们的爱国热情。

(7) 为利于教学使用和学生自学，编写了适量的思考题、学生自测练习题、课后习题及英文选做题。所有习题均有参考答案，思考题有解答提示。

本分册由陕西师范大学高玲香担任主编(编写第 1～3 章并统稿)，延安大学王潇(编写练习题和参考答案，绘图)和陕西师范大学谢遵园(编写专题)担任副主编。

感谢科学出版社的支持，感谢责任编辑认真细致的编辑工作。

书中引用了较多书籍、研究论文的成果，在此对所有作者一并表示诚挚的感谢。

鉴于作者水平有限，书中不足之处在所难免，敬请读者批评指正。

高玲香

2020 年 6 月

目　　录

(1) 了解物质的状态种类及其特征物态与温度和压力的关系。

(2) 掌握理想气体状态方程、气体的速率分布和能量分布、气体扩散定律及其相关计算。

(3) 掌握难挥发性非电解质稀溶液的通性及其有关应用和计算。

(4) 了解晶体外形的对称性——七大晶系和微观结构——14 种点阵。

(5) 了解晶体的基本类型以及晶体内部粒子的堆积方式。

(6) 了解离子晶体常见的几种类型以及 MX 型化合物晶体类型与正、负离子半径比之间的关系。

(7) 初步了解准晶体的概念及其应用。

(8) 初步了解晶体缺陷的基本概念和应用。

背景问题提示

(1) 随着温度和压力的改变,物质的状态出现了非气、液、固三种常态的超导态、超流态、超固态。你能想象这些新物态对世界的影响有多大吗?

(2) 制造原子弹的关键技术是铀-235 的分离与浓缩。天然铀中铀-235 只占 0.7%,而原子弹对铀的浓缩度要求很高,铀-235 必须达到90%以上。铀-238 和铀-235 的化学性质相同,质量相差甚微,要把铀-235 从铀-238 中分离出来特别困难。其中一种分离方法是热扩散分离法。其原理是什么?

(3) 生命离不开水。当你站在参天大树下时,有没有想过它是如何从土壤中吸收水分然后输送到枝叶的?

(4) 以色列科学家谢赫特曼因发现准晶体独享2011年诺贝尔化学奖。为什么科学界给予他**"颠覆了固体的分类"**如此高的评价?**准晶体**与**晶体**的区别在哪里?

(5) 人们总是想设计合成出精美的**功能化合物晶体**,如**MOFs,** 你认为可能性如何?

准晶体

第 **1** 章

物质的聚集状态

1.1 物质聚集状态的多样性

物质的凝聚态是指由大量粒子组成并且粒子间有很强的相互作用的系统[1]。自然界中存在各种各样的凝聚态物质。固态和液态是最常见的凝聚态，低温下的玻色-爱因斯坦凝聚态，磁介质中的铁磁态、反铁磁态等，也都是凝聚态(图 1-1)。

可以说，物质状态就是指一种物质所出现的不同物相。在早期，物质状态是以它的体积性质来分辨的。在这里用相的转变来表达物质状态的改变。

相的转变是物质在结构上的转变并出现一些独特性质的现象。根据这个定义，每一种相都可以从其他的相中通过相的转变分离出来，如水有数种固体相冰，冰的相图见图 1-2。由相转变引申出来的超导电性状态，以及液晶状态和铁磁性状态，也都是用相的转变所划分出来的拥有不一样性质的物态。

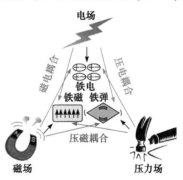

图 1-1 外场作用力下产生新物态

1.1.1 一种新的热力学稳定冰相XV的发现

由于水分子之间存在强度和位置可以灵活变动的氢键，因此水(冰)呈现出极其丰富和复杂的相图[2]。这些冰相中的氧原子位置是固定的，而氢原子有些是有

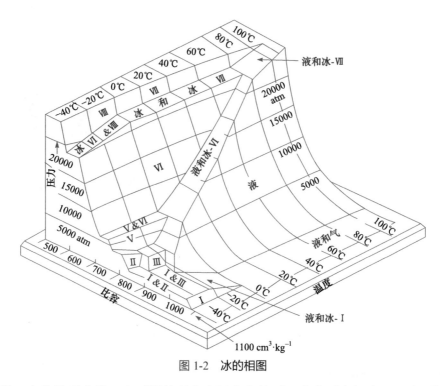

图 1-2　冰的相图

序的，有些是无序的。在不同的温度和压力条件下，水分子之间会呈现出不同的氢键网络结构，但是每个水分子周围均有通过氢键连接的 4 个水分子，遵循"冰规则"[3]。目前，已经在实验室中合成了至少 18 种冰晶体，分别是冰-I_h、冰-I_c、冰-II、冰-III～冰-XVII(图 1-2)。地球上所有由水汽结晶形成的雪花和冰均以六角冰晶体形式存在。中子散射实验表明，六角冰中的氢原子是无序的，且可以以水分子中的氧原子为中心移动。相比于其他冰相，六角冰具有反常特性，即热导率随着压力的增加而减小[4]。理论计算表明外加电场可以驱动水偶极子的变化，导致"冰-I—液态水—冰-II"(有序—无序—有序)的相变过程[5]，揭示了水偶极子取向对水分子间相互作用强度的影响。也就是当水结冰时，冰中无序的氢相结晶显示出氢键连接的水分子的取向是紊乱的[6-7]。在等压冷却后，这些相预计会转变为氢有序相，其中水分子采用能量最有利的取向[8-9]。2009 年，萨尔茨曼(C. G. Salzmann)等[10]展示了在低温、0.8～1.5 GPa 的压力范围内缓慢冷却盐酸掺杂的冰相，名为冰-XV。冰-XV 的晶体结构通过中子衍射实验测定和计算机预测[11-12]。最后，对冰的稳定性进行了热力学分析并依此修订了水和冰的相图(图 1-3)。

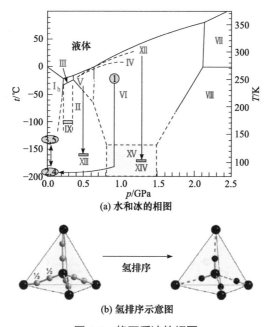

(a) 水和冰的相图

(b) 氢排序示意图

图 1-3 修正后冰的相图

(a) 包括亚稳态冰和外推的低温平衡直线(虚线)；(b) 较大的球体表示氧原子，较小的球体表示氢原子

1.1.2 挤压孤对电子：黑磷烯中的α-P17 到α-P7 压力诱导相变

二维晶体是由单原子层堆叠而成的晶体，是研究者寻找新材料的一个重要方向，如石墨烯、二维过渡金属硫化物，因其优异的物理和化学性质受到人们的广泛关注[13-18]，并在光电、催化、化学和生物传感、自旋电子学、锂离子电池、超级电容器、太阳能电池中有重要的应用。理论上单层磷烯有 α-P17、α-P7、β-P、γ-P、δ-P、ε-P、η-P、θ-P、ζ-P 共九种形态，具有九种物相[19]。磷烯 α-P17 是被发现的第一种磷烯，也就是人们常说的黑磷烯，目前已经被大量合成和研究[20-21]。2010 年克拉克(S. M. Clark)等[22]观察到当压力增大至约 5 GPa 时，α-黑磷开始由半导体的正交结构向半金属的六方结构转变。2012 年博尔费尔(S. E. Boulfelfel)等[23]进行了 α-P17 到 α-P7 的压力诱导相变研究。他们认为：磷烯 α-P17 的三个键和一个孤对电子在极端压力和温度条件下，很有可能发生奇异的晶体结构变化和特性变化：挤压孤对电子。这个观点已经通过晶体的优先取向结构转化实验得到了验证，相转换(>12 GPa)通过相邻层反平行位移与剪切变形耦合进行，单斜角 β 从90°减小到了 86.62°(图 1-4)。

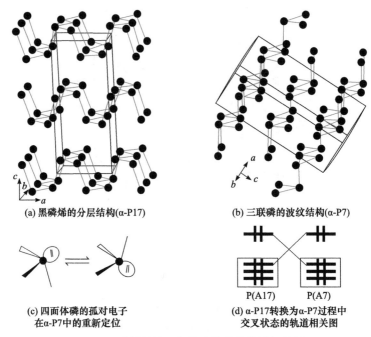

(a) 黑磷烯的分层结构(α-P17)　　　　(b) 三联磷的波纹结构(α-P7)

(c) 四面体磷的孤对电子
在α-P7中的重新定位

(d) α-P17转换为α-P7过程中
交叉状态的轨道相关图

图 1-4　磷烯结构及相转变的分子轨道相关图

1.1.3　魔角石墨烯超晶格中的非常规超导电性

2018 年 12 月 26 日，*Nature* 发布了 2018 年度十大影响人物，位居榜首的是一位来自中国的 22 岁学生——曹原(美国麻省理工学院博士生)。曹原及其团队发现[24-25]，将两层石墨烯叠加在一起，当扭转角接近魔角(1.1°)、温度达到 1.7 K 时，它们会表现出非常规超导电性(图 1-5)，其属性与铜氧化物(其结构往往难以调整)的高温超导性类似。如果这种零电阻的"石墨烯开关"被改造成晶体管用于计算机 CPU，则 CPU 中的几十亿个晶体管就不会再发热或发热极少了，而晶体管的数目可以由几十亿扩展到几十兆亿。不仅计算机不再需要风扇，而且 CPU 的计算速度和性能将得到指数级突破。制约 CPU 发展的摩尔定律可能再次被打破。

2020 年 5 月 6 日，曹原及其团队再次在 *Nature* 上发表两篇论文[26-27]，石墨烯超导又有新突破。在第一篇论文中，曹原等致力于通过对扭转角的控制，将魔角特性推广到其他二维研究体系，以调谐和控制电子-电子相互作用的强度，实现相似的物理行为。研究结果为探索多平带双扭超晶格中扭转角和电场控制的相关物质相提供了理论依据。在另一篇论文中，曹原等致力于研究扭转角的分布信息。他们以六方氮化硼(h-BN)封装的魔角扭曲双层石墨烯(MATBG)为研究对象，通

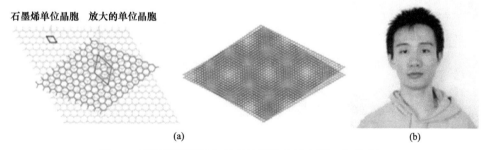

图 1-5　两层石墨烯叠加转角接近魔角示意图(a)和曹原(b)

过使用纳米级针尖扫描超导量子干涉装置(SQUID-on-tip)获得处于量子霍尔态的朗道能级的断层图像，并绘制了局部魔角变化图。这项研究为相关物理现象的实现和应用提供了指导。曹原的贡献在于发现了使石墨烯实现超导的方法，具体而言，就是发现了当两层平行石墨烯堆成约 1.1°的微妙角度时，就会产生以零电阻传输电子的神奇超导效应。

> **思考题**
>
> 1-1　你是怎样理解物质相变影响物质性质的?

1.2　物态与温度的关系

随着温度降低，室温时气态的物质可以转化成液态和固态。如果升高温度至数百万摄氏度，气态可以转化为等离子体态，所有的原子和分子游离成带电的电子和正离子，称为等离子态，也称为物质的第四态。一些金属、合金及金属间化合物和氧化物，当温度低于临界温度时出现超导电性(零电阻现象)和完全抗磁性(内部磁感应强度为零)。液氦在温度低于−271℃时还会出现超流现象，液体的黏度几乎为零，杯子内的液氦会沿器壁"爬"到杯子外面，液体的传热系数比铜还高。上述两种状态为物质的超导态和超流态，属于玻色-爱因斯坦凝聚态，也称为物质的第五态(图 1-6)。

1.2.1　超导态

超导态是一些物质在超低温下出现的特殊物态，是由荷兰物理学家昂纳斯(H. K. Onnes，1853—1926)最先发现的[28]。超导态尤其是它奇特的性质引起了全世界的关注，自发现之日起各国科学家投入了极大的力量去研究，至今超导研究仍是十分热门的科研课题。

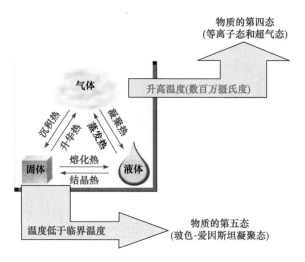

图 1-6 温度与物态

1911 年，昂纳斯首次观察到超导现象。他在将汞冷却到 4.2 K 以下温度时，发现金属汞的电阻突然降低到可观察到的极小值(图 1-7)。此后，许多金属和合金都被发现其在低于某一临界温度 T_c 时具有零电阻。超导体具有两个突出的性质：一是临界温度 T_c 以下的电阻为零；二是显示迈斯纳(Meissner)效应，也称为排斥磁场效应，见图 1-8。人们熟知的磁悬浮列车和核磁共振成像技术就是超导技术的实际应用。

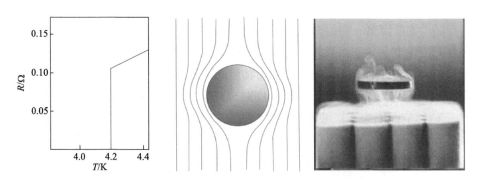

图 1-7 金属汞的电阻-温度   图 1-8 超导体的迈斯纳效应
　　　　曲线

高温超导体是超导物质中的一类，也称为铜氧化物超导体。高温超导体的高温并不是大多数人认为的几百、几千摄氏度，只是相比于人类最开始研究的超导体的温度提高了许多，通常为−200℃左右。高温超导体通常是指临界温度在液氮温度(77 K)以上的超导材料。在超导体被发现后长达百年的时间内，所有已发现的超导体都只是在极低的温度(23 K)下才显示超导性，因此它们的应用受到了极大的限制。这也是曹原的论文引起世界轰动的原因之一。

历史事件回顾

1　高温超导研究

一、超导元素

1. 哪些元素是超导元素

在适当的温度、磁场强度和电流密度下呈现超导电性的化学元素称为超导元素(superconducting element)。研究表明超导元素在周期表上有某些规律[29]：铁磁性金属 Fe、Co 和 Ni 不显示超导性，碱金属和钱币金属 Cu、Ag 和 Au 也没有超导性；任何金属本身不可能既具有铁磁性又具有超导性；某些金属氧化物超导体的铁磁性和超导性似乎共存于固体的不同亚晶格上，超导性往往出现在组成处于金属导电相与半导体或绝缘体相的交界区(图 1-9)，如 $BaPb_{1-x}Bi_xO_3$。

一些超导体的 T_c 可见表 1-1。

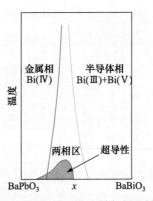

图 1-9　相的不稳定性与超导性之间的关系示意排斥磁场效应

表 1-1　一些超导体的 T_c

金属	T_c/K	化合物	T_c/K
Zn	0.88	Nb_3Ge	23.2
Cd	0.56	Nb_3Sn	18.0
Hg	4.19	$LiTiO_4$	13
Pb	7.26	$K_{0.4}Ba_{0.6}BiO_3$	29.8

续表

金属	T_c/K	化合物	T_c/K
Nb	9.22	$YBa_2Cu_3O_7$	95
Sn	3.69	LaH_{10}	250(170 GPa)
Tl	2.38	$BaFe_2As_2$	38
Ta	4.38	$SmFeAsO_{1-x}$	55
La	4.71	$Tl_2Ba_2Ca_2Cu_3O_{10}$	122

2. 超导元素在周期表中的分布

图 1-10 表明具有超导性质的元素具有某种规律性。图中指出的是已发现的 28 种元素(黄色)在常压下显示超导性,13 种元素(蓝色)在高压下也能呈现超导性,还有 5 种元素(绿色)在薄膜状态时显示超导性。

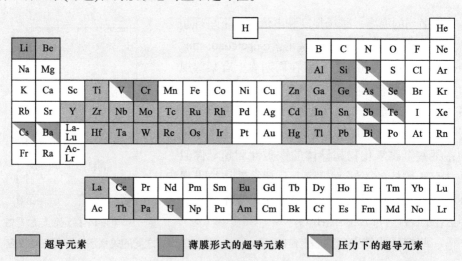

图 1-10 超导元素在周期表中的分布

二、典型的超导化合物

1986 年研究者发现了高温超导体[30],其中研究得最为广泛的金属氧化物超导体材料之一是 $YBa_2Cu_3O_7$[31-32],根据分子式中金属原子的比例,非正式地称其为"123"化合物,其结构相当于失去部分晶格 O 原子的钙钛矿(图 1-11)。

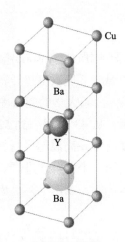

(a) 金属原子的位置　　　　　　(b) 以金属原子为中心的氧多面体

图 1-11　YBa$_2$Cu$_3$O$_7$ 晶体的结构

与钙钛矿中金属离子的正八面体环境不同，"123"化合物中的金属离子具有平面四方形或四方锥配位环境

Physical Reviews 于 1957 年刊登了一篇文章[33]，第一次解释了在低温下一些材料电阻完全消失的现象。在实验线索和早期理论尝试的基础上，美国伊利诺伊大学的巴丁(J. Bardeen，1908—1991)、布朗大学的库珀(L. N. Cooper，1930—)和宾夕法尼亚大学的施里弗(J. R. Schrieffer, 1931—)不仅解释了电阻消失的现象，还解释了超导体的许多磁学和热学性质，即所谓的 BCS 理论。他们的发现还对粒子物理理论有重要的影响，并且为解释高温超导现象的尝试提供了依据。他们因超导 BCS 理论获得 1972 年诺贝尔物理学奖。

巴丁　　　　　　　　　库珀　　　　　　　　　施里弗

三、超导研究进展

这里仅就几个重大进展进行介绍。有关合成、性质研究、应用方面进展的详

细资料可参考相关书籍和文献[30,34-36]。

1. 铁基超导新材料

2008年2月23日，日本东京工业大学的细野秀雄(H. Hosono)报道[37]，掺杂了氟的镧氧铁砷化合物(LaOFeAs)能够在26 K的温度下显示出超导特性。随后一个多月的时间里，中国科学技术大学的陈仙辉[38]、南京大学的闻海虎[39]等领导的科研小组不断刷新铁基超导材料超导温度的纪录，从43 K提高到52 K，再提高到55 K。在此之前，铜基超导材料是科学家已知的唯一高温超导材料。镧氧铁砷这种铁基超导新材料的发现是超导材料研究领域的一个突破性进展。新材料不仅常温状态下电阻更小、临界电流更大，而且成本更低、制造工艺更成熟，有着更好的应用前景。

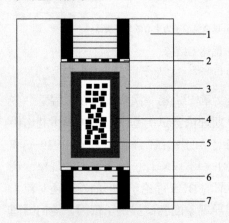

图1-12 高压腔组件

1. 液蜡石柱；2. 钼片；3. 石墨坩埚；
4. 氮化硼坩埚；5. 试样；6. 液蜡石；7. 钢圈

高温超导材料的制备往往需要高温高压条件(图1-12)。例如，合成超导样品$Ca_{0.86}Sr_{0.14}CuO_2$时，可先利用高温高压合成出母体$SrCuO_2$(晶格参数$a = 0.3925$ nm)，然后掺入Nd或Pr，进行硝化处理，分解得到具有无限层状结构的多相混合物作起始材料，在高压(2.5 GPa)高温(1273 K，0.5 h)下合成即得产物，其T_c为40 K[40]。

2. 三维超导特性

对基于铜氧化合物高温超导体的二维层状晶体,学界普遍认为维度的降低是形成高温超导的必备条件。浙江大学袁辉球及其合作者的研究成果表明[41]，具有二维层状晶体结构的钡铁砷铁基超导材料在低温的临界磁场具有各向同性的特征，也就是该材料的超导临界磁场不依赖于外加磁场的方向，与之前在二维层状超导体中所观察到的现象完全不同。这是首次在二维层状的超导材料中报道三维材料的超导特性。研究还表明，低维的晶体结构可能更有利于高温超导的形成，但它并不是形成高温超导的唯一因素。铁基超导材料虽然也具有二维层状的晶体结构，但其电子结构可能更接近三维，铁基高温超导的形成应该与其独特的电子结构有关。

3. 超薄超导体

超导材料最终用在器件上才有用。在制造超导器件的道路上，一个重要的目标就是找到作为纳米尺度超导体的材料。这样的超薄超导体将在超导晶体管以及超快、节能电子学中发挥重要作用。2008 年 10 月 9 日的 *Nature* 报道，美国能源部布鲁克海文国家实验室的科学家成功利用多种铜氧化合物材料制造出了双层高温超导薄膜(图 1-13)[42]。尽管任何一层材料本身都不具有超导电性，在两层材料的界面 2～3 nm 厚的范围内却展现出了一个超导区域。此外，研究人员还进一

图 1-13　双层高温超导薄膜

步证实，如果暴露于臭氧，该双层材料的超导临界温度可以提升到超过 50 K，这是一个相对很高的温度，更可能有实际的应用价值。

4. 中国的超导研究走在世界的前列

中国科学技术大学的陈仙辉课题组通过氧和铁同位素交换，研究 $SmFeAsO_{1-x}F_x$ 和 $Ba_{1-x}K_xFe_2As_2$ 两个体系中超导临界温度 T_c 和自旋密度波转变温度 T_{SDW} 的变化，发现 T_c 的氧同位素效应非常小，但是铁同位素效应非常大。令人惊奇的是，该体系铁同位素交换对 T_c 和 T_{SDW} 具有相同的效应[43]。这表明在该体系中，电子-声子相互作用对超导机制起到了一定的作用，但可能还存在自旋与声子的耦合。铁基超导体中，T_c 及 T_{SDW} 的铁同位素效应都大于氧同位素效应。这可能是由于铁砷面是导电面，因而其对超导性有很大的影响，并且自旋密度波有序也源自铁的磁矩。在铜氧化合物高温超导体中，超导临界温度的同位素效应对掺杂程度的变化非常敏感。在最佳掺杂时，同位素效应几乎消失，而随着降低掺杂，同位素效应逐级增大并在超导与反铁磁态的边界上达到最大值。这表明在铜氧高温超导体中同位素效应与磁性涨落也有密切联系。这种反常的同位素效应表明，电子-声子相互作用在铜氧化合物中同样非常重要。因此，该研究表明，探寻晶格与自旋自由度之间的相互作用对理解高温超导性机理是非常重要的。

铜氧化合物高温超导体通常在高于液氮温度(77 K)的区域内实现超导，相比于液氦温区(4.2 K)的传统超导体，其应用范围更广阔，可用来制造输电线、变压器、强磁场磁体等。但高温超导的机理尚不清楚，阻碍了新材料的研发。2017 年，中国科学院物理研究所郑国庆研究组与日本冈山大学、德国马克斯-普朗克研究所合作，利用物理所的 15 T 强磁场核磁共振装置，通过对高温超导体 $Bi_2Sr_{2-x}La_xCuO_{6+\delta}$ 的研究发现，在超导出现的低掺杂范围内，取代自旋密度波有序态的是电荷密度波有序态[44]。在常规的超导体中，超导出现之前的物态是电子之间无相互作用的

费米液态。研究发现，电荷密度波有序态的临界温度是自旋密度波有序态临界温度的连续延伸，随着载流子浓度的上升而减小，最后在载流子浓度 0.14 附近消失。同时，该临界温度与高温存在的赝能隙温度呈比例关系(图 1-14)。这个新发现揭示了电荷在产生超导中的重要作用，为研究高温超导机制提供了崭新的视角。研究团队推测，在过去 20 多年里人们高度关注但还没有研究定论的赝能隙现象就是长程电荷密度波有序态的某种涨落形式。

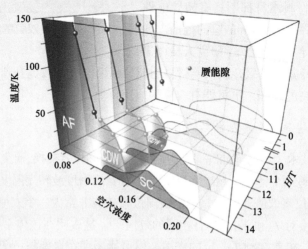

图 1-14　磁场调控的 $Bi_2Sr_{2-x}La_xCuO_{6+\delta}$ 的相图

难能可贵的是中国的超导研究不仅走在世界的前列，而且人才辈出。超导专家前有老前辈赵忠贤院士(获 2016 年度国家最高科学技术奖)，后有"超导神童"曹原。

思考题

　　1-2　查阅相关资料，说明曹原论文引起世界轰动的原因。

1.2.2　超流态

1937 年，苏联物理学家卡皮察(P. Kapitza，1894—1984)惊奇地发现[45]，当液态氦的温度降到 2.17 K 的时候，它就由原来液体的一般流动性突然变为超流动性：可以无任何阻碍地通过连气体都无法通过的极微小的孔或狭缝(线度约 $1×10^{-5}$ cm)，还可以沿着杯壁"爬"出杯口。人们将具有超流动性的物态称为超流态。目前只发现低于 2.17 K 的液态氦有这种物态。

对于一般液体，随着温度降低，密度逐渐增加。卡皮察将液态氦的温度降低，果然，液氦的密度增加了。但是，当温度下降到−271℃(2.17 K)的时候，出现了奇怪的现象，液态氦突然停止起泡，变成水晶一样透明，一动也不动，好像一潭死水，而且密度突然减小了。这是另一种液态氦。他把前一种冒泡的液态氦称为氦-Ⅰ，把后一种静止的液态氦称为氦-Ⅱ。

卡皮察把一个小玻璃杯杯口朝上放在氦-Ⅱ中。玻璃杯原本是空的，但是过了一会儿，杯内底部出现了液态氦，并且液面慢慢地涨到与杯子外面的液态氦一样平。把这个盛着液态氦的小玻璃杯提出来挂在半空，又可以看到玻璃杯外底部出现了液氦，一滴，两滴，三滴……不一会儿杯中的液态氦就“漏”光了。原来氦-Ⅱ是能够倒流的，它会沿着玻璃杯的壁“爬”进去又“爬”出来。这是在人们日常生活中没有遇到过的现象，只有在超低温世界才会发生。这种现象称为物质的超流动性，具有超流动性的氦-Ⅱ称为超流体。

后来，许多科学家研究了这种怪现象，又有了许多新的发现。其中最有趣的是 1938 年英国剑桥大学的艾伦(J. F. Allen，1908—2001)等[46]发现的氦-Ⅱ喷泉。在一根玻璃管中装着很细的金刚砂，上端接出来一根细喷嘴。将玻璃管浸到氦-Ⅱ中，用光照射玻璃管下部，就会从细喷嘴喷出氦-Ⅱ的喷泉，光越强，氦-Ⅱ喷泉喷得越高，可以高达数厘米(图 1-15)。氦-Ⅱ喷泉也是超流体的特殊性质。在这个实验中光能直接变成了机械能。

光照

(a) 实验图　　　　(b) 液氦喷泉示意图

图 1-15　氦-Ⅱ喷泉

直到 20 世纪 70 年代，英国科学家莱格特(A. J. Leggett，1938—)才发现[47]，氦的同位素 ^{3}He 的原子对与超导体中金属的电子对结构相似。至此，他的理论才从根本上解释了氦原子如何互动以及如何进入超流态。超流现象是一种宏观范围内的量子效应。由于玻色-爱因斯坦凝聚，氦原子形成一个"抱团很紧"的集体，超流正是这种"抱团"现象的具体表现。玻色子体系不受泡利原理的限制，而且由于粒子总是自发地向低能级跃迁，因此玻色子有向基态能级凝聚的倾向，这是产生超流现象的根本原因。由于这些研究，卡皮察获得 1978 年诺贝尔物理学奖，莱格特获得 2003 年诺贝尔物理学奖。

卡皮察　　　　　　　　艾伦　　　　　　　　莱格特

思考题

1-3 学习文献 Lin X, Clark A C, Chan M H W. Probable heat capacity signature of the supersolid transition. Nature, 2007, 449(25): 1025-1028. 说明氦-Ⅱ喷泉产生的原因。

1.2.3 等离子体

1. 概念

等离子体是由英国物理学家克鲁克斯(W. Crockes)在 1879 年研究阴极射线时发现的，1928 年美国化学家朗缪尔(I. Langmuir，1881—1957)和汤克斯(L. Tonks)首次将等离子体(plasma)一词引入物理学，用来描述气体放电管中的物质形态[48]。

等离子体又称电浆，是由部分电子被剥夺后的原子及原子团电离后产生的正、负离子组成的离子化气体状物质，是尺度大于德拜长度的宏观电中性的电离气体。其运动主要受电磁力支配，并表现出显著的集体行为。等离子体广泛存在于宇宙中，常被视作除固、液、气外物质存在的第四态。事实上，宇宙中 99%的物质都处于等离子体态，比较熟悉的有恒星、星云、闪电、极光等(图 1-16)。等离子体是一种很好的导电体，可以利用经过巧妙设计的磁场来捕捉、移动和加速等离子体[47]。人们可以通过原子弹爆炸、炸药爆炸、辉光放电及电弧等途径获得等离子体。

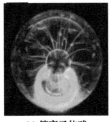  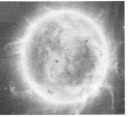 

(a) 等离子体球   (b) 极光   (c) 太阳   (d) 闪电

图 1-16 自然界中的等离子体

物质由分子构成，分子由原子构成，原子由带正电的原子核和围绕其转动的带负电的电子构成。当物质被加热到足够高的温度或有其他原因时，其原子的外层电子摆脱原子核的束缚成为自由电子。电子离开原子核的过程称为电离。这时，物质就变成了由带正电的原子核和带负电的电子组成的一团均匀的"浆糊"，因此人们戏称它为离子浆。这些离子浆中正、负电荷总量相等，它是近似电中性的，所以称为等离子体。

2. 应用

等离子体物理的发展为材料、能源、信息、环境空间、空间物理、地球物理等学科的进一步发展提供了新的技术和工艺。近年来，等离子体在各种工业领域如等离子体加热、等离子体隐身、材料改性、等离子体医疗、大气治理等得到了广泛的应用[49-55]。

等离子体主要用于以下三个方面：

(1) 等离子体冶炼：用于冶炼普通方法难以冶炼的材料，如高熔点的锆(Zr)、钛(Ti)、钽(Ta)、铌(Nb)、钒(V)、钨(W)等金属；用于简化工艺过程，如直接从 ZrCl、MoS、TaO 和 TiCl 中分别获得 Zr、Mo、Ta 和 Ti；用等离子体熔化快速固化法可制备硬的高熔点粉末，如 W-Co-C、Mo-Co、Mo-Ti-Zr-C 等粉末。等离子体冶炼的优点是产品成分及微结构的一致性好，还可免除容器材料的污染。

(2) 等离子体喷涂：许多设备的部件应能耐磨、耐腐蚀、抗高温，为此需要在其表面喷涂一层具有特殊性能的材料，如熔点高达 3370℃的钨。用等离子体沉积快速固化法可将特种材料粉末喷入热等离子体中熔化，再喷涂到基体或部件上，使之迅速冷却、固化，形成接近网状结构的表层，大大提高喷涂质量，如制作各种型号的火箭喷管、头锥及回收卫星的天线等。

(3) 等离子体焊接：可用于焊接钢和合金钢，铝、铜、钛等及其合金，特点是焊缝平整，焊接速度快，没有氧化物杂质，可以再加工；用于切割钢、铝及其合金，切口光滑且窄，切割厚度大。

(4) 在医学手术中, 等离子体也能代替现用的手术刀, 利用一个只有钢笔大小的发生器, 产生精致而形状不变的等离子体炬对人体进行手术。其优点是: 因焰流温度高, 能做到绝对无菌, 当人体组织被切开时, 其边缘瞬间因高温封闭, 可以做到基本无出血; 又因温度梯度大, 切口附近的组织不受影响。

由于等离子体应用前景非常广阔, 越来越多的学者投入等离子体应用研究中。大连理工大学的三束材料改性教育部重点实验室、中国科学院等离子体物理研究所和北京交通大学机械与电子控制工程学院在这方面做了很好的工作, 中国科学院金属研究所闻立时院士领导的实验室也做出了杰出的工作。中国科学技术大学夏维东研究团队与合作者合作, 提出"利用磁分散电弧产生大面积均匀热等离子体合成石墨烯"的新方法, 突破了热等离子体工艺能耗高、产品均匀性差和生产稳定性不足的技术瓶颈, 有望实现大规模连续生产。该研究成果发表在 2019 年的 *Carbon* 期刊上[56]。

1.2.4 物质第五态——玻色-爱因斯坦凝聚态

1. 概念

物质的第五态即超固态(super solid state), 又称超密态(super dense state)。当物质处在 1.4×10^{11} Pa 下, 物质的原子就可能被"压碎", 电子全部被"挤出"而形成电子气体, 裸露的原子核紧密地排列, 物质密度极大, 这就是超固态。一块沙砾大小的超固态物质, 其质量至少为 1000 t。超固态物质是一种空间有序的固体或晶体材料, 同时具有超流动性。换句话说, 超固态物质既有晶体态中原子规则排布的特征, 又可以像超流体一样无摩擦流动。当量子流体如 ^{4}He 冷却到某特征温度以下时, ^{4}He 将经历超流态转变, 进入零黏性的状态。这个转变被认为与发生玻色-爱因斯坦凝聚(Bose-Einstein condensation, BEC)有关。

超固态的概念最早在 1969 年由苏联物理学家安德列也夫(A. F. Andreev)和栗弗席兹(I. M. Lifshitz)提出[57]。他们认为当温度接近绝对零度时, 玻色子(依据玻色-爱因斯坦统计, 自旋量子数为整数的粒子, 如光子)固体晶格中的空位(vacancy, 理想晶体中移去一个原子将留下一个空位)将全部塌缩为相同的基态, 即发生玻色-爱因斯坦凝聚。在超固态, 空位将成为相互关联的整体, 可以在剩下的固体内不受阻碍地移动, 就像超流体一样。

2. 玻色-爱因斯坦凝聚态的提出

1924 年, 印度物理学家玻色(S. N. Bose, 1894—1974)提出不可分辨的 n 个全同粒子的新观念, 使得每个光子的能量满足爱因斯坦(A. Einstein, 1879—1955)的

光量子假设，也满足玻尔兹曼的最大概率
分布统计假设，这个光子理想气体的观点
可以称彻底解决了普朗克黑体辐射的半
经验公式的问题。可能是因为当初玻色的
论文没有新结果而遭到退稿，他随后将论
文寄给爱因斯坦，爱因斯坦意识到玻色工
作的重要性，立即着手进行研究，将玻色
对光子(粒子数不守恒)的统计方法推广到

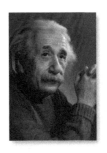

玻色　　　　　爱因斯坦

原子(粒子数守恒)，并预言当这类原子的温度足够低时，会有相变——新的物质
状态产生，所有的原子会突然聚集在一种尽可能低的能量状态，这种状态被认为
是由微观粒子的量子性质而产生的一种宏观现象[58-59]。这就是玻色-爱因斯坦
凝聚。

3. 玻色-爱因斯坦凝聚态的实现

爱因斯坦指出，玻色子在一个量子态上可有任意多个粒子占据着。在给定原
子密度条件下，存在一个极限温度 T_c，当原子气体的温度低于 T_c，相密度大于规
定的值时，原子间的间隔小于德布罗意波长，原子气体将产生玻色-爱因斯坦凝聚。
这些都给实验提出了很高的要求。因此，如何增加原子相密度、降低原子温度成
为实验实现玻色-爱因斯坦凝聚的关键[60]。

研究是分两步完成的：

第一步：碱金属原子由于具有简单的能级结构而在实现玻色-爱因斯坦凝聚的
研究中备受青睐。全世界 100 多个研究组开展激光冷却和囚禁原子技术的研究，
使碱金属原子的相密度增加 15 个数量级。激光冷却和囚禁原子技术的多普勒冷
却机制使低冷却温度达 $10^{-4}\sim10^{-5}$ K，偏振梯度激光冷却机制使原子气体温度冷
却达 $10^{-5}\sim10^{-6}$ K[61-63]，但是这些研究结果距达到玻色-爱因斯坦凝聚所需的值仍
差 $10^5\sim10^6$ 倍。

第二步：用磁势阱将冷原子捕陷于势阱中，然后用蒸发冷却技术使原子的
温度和相密度达到玻色-爱因斯坦凝聚的条件(相密度可达 10^{12} g·cm^{-3}，温度达
170 nK)[64]。在研究中科学家很好地解决了囚禁原子泄漏的问题[65-66]。

4. 研究成果

成果之一：1995 年，美国科罗拉多大学博尔德分校的康奈尔(E. A. Cornell，
1961—)和维曼(C. E. Wieman，1951—)[61]使用气态的铷原子在 170 nK 低温下首次

获得了玻色-爱因斯坦凝聚。在这种状态下，几乎全部原子都聚集到能量最低的量子态，形成一个宏观的量子状态(图 1-17)。图 1-17 中左图为玻色-爱因斯坦凝聚态形成之前，中图为玻色-爱因斯坦凝聚态形成之中，背景为热运动，右图为几乎所有的原子都形成了玻色-爱因斯坦凝聚态，热运动背景为球形对称的。图像显示速度为零的原子聚积为一个尖峰，原子云的分布由中心处于动量凝聚态的原子和围绕中心的非凝聚态的原子两部分组成。

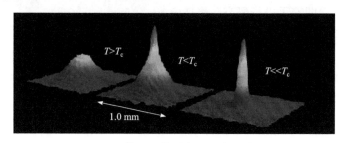

图 1-17　铷原子的玻色-爱因斯坦凝聚

同年稍后，麻省理工学院凯特勒(W. Ketterle，1957—)小组实现了钠原子的玻色-爱因斯坦凝聚[66]，并得到了凝聚的原子数为 5×10^6 的结果。三位科学家也因根据玻色-爱因斯坦理论发现的一种新物质状态——"碱金属原子稀薄气体的玻色-爱因斯坦凝聚"而获得 2001 年诺贝尔物理学奖。

康奈尔　　　　　　　　　维曼　　　　　　　　　凯特勒

成果之二：*Nature Physics* 在 2008 年 10 月 19 日报道，德国美因茨大学的物理学家们竖立起一座新的里程碑[67]。研究小组开发出高分辨率扫描电子显微镜(图 1-18)，其空间分辨率远远超过以往使用的任何方法，能以极细的电子束扫描超冷原子云，使得最微小的结构都清晰可见，因此可用于绘制"玻色-爱因斯坦冷凝物"中的单个原子。同时，研究人员成功地使光晶格的结构变得可见，只要将冷原子置于其中，就可借助调控光晶格来操控原子间的位置。

图 1-18　高分辨率扫描电子显微镜内部

研究人员表示，这一成果将加深人们对物质第五态的了解，玻色-爱因斯坦凝聚对于超新星爆发、黑洞的模拟也会促进天体物理学的发展。而在物理学界，这诚如一面放大镜，将量子的微观世界徐徐呈现在人们眼前。例如，1997 年，凯特勒小组在他们上述研究成果的基础上成功实现了原子激光器[68]。原子激光器即相干原子束用射频脉冲照射处于磁陷阱中的凝聚态钠原子，使原子从磁陷阱中的束缚态跃迁到非束缚态，原子在重力的作用下形成原子激光器。2010 年 11 月 25 日，德国波恩大学的科学家在 *Nature* 报道称，他们成功地使光子形成玻色-爱因斯坦凝聚，创造出一种全新的光源，利用这种光源可设计新型紫外或 X 射线激光器，从而制备功能更强的计算机芯片，芯片产业会因此而受益[69]。

2012 年 6 月有报道称，奥地利因斯布鲁克大学的研究团队成功实现稀土金属元素铒的玻色-爱因斯坦凝聚[70]。因为铒具有磁性特征，所以要实现其聚集于一个单一量子态具有相当大的难度。该实验小组利用激光冷却和蒸发冷却通过极简便的方法实现了该稀土金属的玻色-爱因斯坦凝聚。这也标志着因斯布鲁克大学的实验物理学家在世界上唯一同时实现了铯、锶、铒三种元素的玻色-爱因斯坦凝聚。2018 年 9 月，*Nature Physics* 报道英国的尼曼(R. A. Nyman)和德国的洪格尔(D. Hunger)合作研究组实验发现最少有 7 个光子就可以发生玻色-爱因斯坦凝聚[71]。同年 10 月 17 日，*Nature* 报道[72]由德国物理学家带领的团队在太空中利用国际空间站的零重力实现了玻色-爱因斯坦凝聚态。由于空间的低重力条件，实验室能够进行延长自由落体时间的实验(在 6 min 的自由落体时间内进行了 100 多次实验)。

更多关于玻色-爱因斯坦凝聚的基础知识与前沿发展内容可参考《玻色-爱因斯坦凝聚的基础与前沿》[73]。

思考题

1-4 学习本节内容，说明什么是物质的第五态。推测是否还会有物质的第六态。

1.3　物态与压力的关系

物态不仅与温度有关，还与压力有关。图 1-2 和图 1-3 已经反映出水-冰的温度-压力关系。现在要探讨更低或更高的温度下加上更高的压力对物质形态的影响 (图 1-19)。

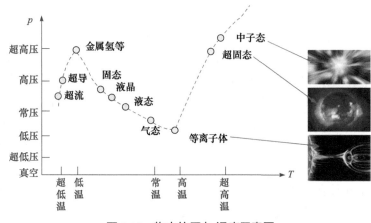

图 1-19　物态的压力-温度示意图

由图 1-19 可见，前已述及低温下的高压会使物态形成超导态和超流态，温度再低就会形成玻色-爱因斯坦凝聚态。这里简单介绍一些高温高压下的物态。

1.3.1　恒星演化与黑洞

恒星演化的开始是引力收缩阶段，当内核温度超过 80 万摄氏度时，出现热核反应，反应一个接一个地进行，合成出元素，每种元素都再转化为比它更重的元素，直至温度达到 40 亿摄氏度时，所有元素全部转化为最稳定的铁元素。当达到 60 亿摄氏度的高温时，发生极强的中微子辐射，把大量能量带走，恒星的向心引力失去了它的平衡力，塌缩不可避免地到来，于是，引力能转化为爆发能。爆发的原因还可能包括中微子沉淀和核爆炸等。理论研究认为：塌缩使恒星形成密度极高的星体，称为致密星(compact star)。在致密星体中存在两种力：一种是自身的引力，它力图使星体收缩；另一种是压力，它力图抵抗引力的收缩。当引力与压力平衡时，则形成平衡的星体[74-76]。致密星体分为三大类，即白矮星、中子星和黑洞(图 1-20)[77]。

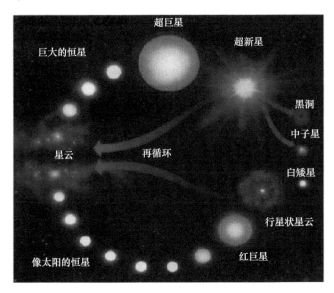

图 1-20　星体演化示意图

1. 白矮星

质量小于 0.5M☉(M☉为太阳质量，1 M☉=1.989×10^{30} kg)的恒星在氢聚变后就成为白矮星(white dwarf)，这种恒星的衰亡是平静的。例如，恒星原来质量大于 0.5M☉但小于 1.3M☉，或爆发后剩下的质量在此范围内，则恒星在核能源用尽之后将演化为白矮星。白矮星的中心密度为 $10^6 \sim 10^{11}$ g·cm^{-3}。白矮星也称为简并矮星，是一种低光度、高密度、高温度的恒星。它的颜色呈白色，体积比较小，因此命名为白矮星[78](图 1-21)。白矮星中的物质主要以原子核状态和电子简并态存在。白矮星在亿万年的时间里逐渐冷却、变暗。贾米凯莱(N. Giammichele)与他在法国图卢兹大学和加拿大蒙特利尔大学的合作者已经运用开普勒空间望远镜探测白矮星 KIC08626021 的星核情况[79](图 1-22)。

1982 年发布的白矮星星表表明，银河系中已发现的白矮星有 488 颗，它们都是离太阳不远的近距离天体。根据观测资料统计，大约有 3%的恒星是白矮星，但理论分析与推算认为，白矮星应占全部恒星的 10%左右。依据塌陷理论，因为太阳的质量比较小，它不会演化为黑洞，而将在几十亿年后经过红巨星阶段最后形成一个致密的白矮星[80](图 1-23)。

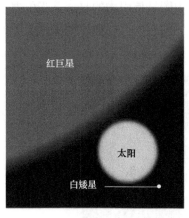

图 1-21　红巨星、太阳和白矮星的
相对大小

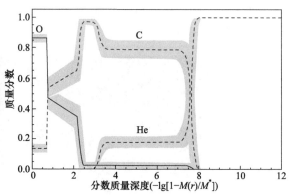

图 1-22　白矮星 KIC08626021 的化学图谱

M^*为白矮星的质量，$M(r)$为半径 r 之内的白矮星质量，阴影区对
应于 1σ 上的置信区间

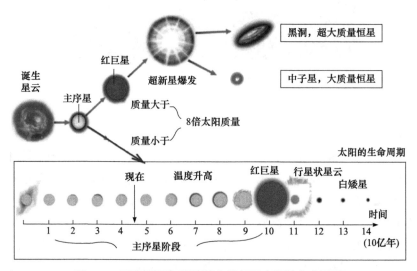

图 1-23　不同质量恒星的演化路径及太阳的生命周期

2. 中子星

在塌缩过程中，引力释能大约相当于落体质量的 1/10，根据质能关系 $E=mc^2$，这个能量大得难以想象，1×10^{24} t 的物质以约为光速 1/4 的速度向中心落下，又要与从中心反引回来的几乎同速的物质对撞，于是引起爆发[78,81-83]。质量大于 3.2M⊙ 的恒星就通过爆发方式使质量减少到 1.3～1.6M⊙[84]而成为演化后的强磁场、高速旋转和高致密的中子星(neutron star)，它的核心密度高达 10^{15} g·cm^{-3}，半径则在

10～20 km 之间。随后，炙热的中子星通过中微子、光子的辐射和逃逸降低自身的温度，即最有效冷却的 URCA 过程[85]。URCA 过程是中子星早期冷却的重要物理过程，该过程通过中子和质子的相互转换辐射出大量的中微子和反中微子，从而释放能量使得中子星发生迅速冷却：

$$n \longrightarrow p + e^- + \bar{\nu}_e \tag{1-1}$$

$$p \longrightarrow n + e^+ + \nu_e \tag{1-2}$$

此时，中子星星核的主要成分为中子，另外有质子、电子、超子和介子等，甚至有些星核中心还可能存在超流体和夸克[86-87]。

中子星是除黑洞外密度最大的星体，是 20 世纪 60 年代最重大的发现之一。中子星与白矮星的区别不只是生成它们的恒星质量不同，它们的物质存在状态也是完全不同的。简单地说，白矮星的密度虽然大，但还在正常物质结构能达到的最大密度范围内：电子还是电子，原子核还是原子核，原子结构完整。而在中子星里，巨大的电子简并压使电子被压缩到原子核中，同质子中和为中子，使原子变得仅由中子组成，中子简并压支撑住了中子星，阻止它进一步压缩。整个中子星就是由这样的原子核紧挨在一起形成的，可以称中子星就是一个巨大的原子核，中子星的密度就是原子核的密度。中子星的质量非常大以至于巨大的引力令光线都是呈抛物线挣脱的。

自 1967 年英国科学家休伊什(A. Hewish, 1924—)等发现了第一颗脉冲星 PSR B1919+21 并被认证为中子星[88]以来，至 2005 年共发现 2700 多颗中子星[89]。值得说明的是，中国宋代天文学家于公元 1054 年发现并记载了一次超新星爆发，现在全世界公认的 1968 年粤塔林和莱芬斯坦发现的脉冲中子星 PSR 053+21 就是那次超新星爆发形成的。如今谈到中子星历史，必然提到我国宋代。我国天体物理学家陆琰认为，脉冲中子星 PSR 1509-58 就是中国东汉天文学家于公元 185 年 12 月 7 日发现的超新星爆发产生的。历史上有记载的银河系内超新星爆发共 7 次，中国均有记载。

中子星一直是物理学家特别是天体物理学家、理论物理学家和核物理学家研究的热点，其研究意义是非凡的。中子星有着复杂的极端条件下的星体性质，如超强致密、高速旋转、超强磁场、超强引力场、超流和超导等。这些性质是当今物理实验无法模拟和再现的。中子星的奇特性质令物理学家的研究兴趣倍增。目前，对引力场的研究还处于一种探索阶段，至今没有找到合理描述引力场能量机制的理论，而中子星超强引力场效应是目前研究引力场能量机制最完美的实验。理论物理学家通过提出一系列理论和模型计算中子星有关物理量和性质，以及对引力场能量机制进行猜测，同时通过对比现有实验对中子星观察收集到的数据，来验证这些理论和模型的正确性和合理性，为进一步研究核物质和引力场能量打基础。

3. 黑洞

1) 黑洞的形成

黑洞(black hole)也是由质量为几十至几百 $M_\odot$ 的恒星演化而来的，即由质量足够大的恒星在核聚变反应的燃料耗尽后，发生引力塌缩而形成的。根据科学家的猜想，塌缩的物质将不可阻挡地向着中心点聚集，直至成为一个体积趋于零、密度趋于无限大的"点"[80,90]。当它的半径收缩到一定程度(施瓦西半径，任何具有质量的物质都存在的一个临界半径特征值，地球的施瓦西半径只有约 9 mm)，巨大的引力就会造成光也无法向外射出的困局，从而切断了恒星与外界的一切联系——黑洞诞生了。黑洞质量远远超过了白矮星和中子星的质量上限[91]。例如，银河系中心就存在一个巨型黑洞。中国科学院上海天文台沈志强等[92]利用高分辨率的射电干涉阵，给出了"最令人信服"的银河系中心存在超大质量黑洞的证据。欧洲天文学家贾斯(A. M. Ghez)等[93]利用该黑洞周围数十颗恒星的动力学数据测得这个黑洞质量为 4×10^6 $M_\odot$(图 1-24)。

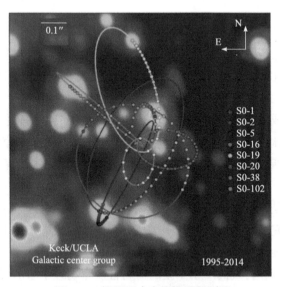

图 1-24 银河系中心黑洞质量测量

数十颗恒星围绕一个致密物体旋转，周期从十年到几十年，利用开普勒定律可以很精确地算出其中的黑洞质量

[图片来自美国加利福尼亚大学洛杉矶分校(UCLA)网站]

2) 黑洞研究的重大节点

(1) 1795 年，法国物理学家、天文学家和数学家拉普拉斯(P. S. M. de Laplace，1749—1827)基于牛顿引力理论和光的粒子学说提出宇宙中存在这样一种恒星：密度类似于地球，但直径约是太阳的 250 倍，由于该恒星的自身引力，即使光子也逃脱不了该恒星，从而导致人们根本无法观测到它，这就是所谓的暗星。直至 1967 年，美国物理学家、物理学思想家和物理学教育家惠勒(J. A. Wheeler，1911—2008)于一次会议上正式提出黑洞一词[94]。

(2) 爱因斯坦 1905 年提出狭义相对论[95]之后，1915 年又创造性地提出了广义相对论[96]，场方程为

$$G_{\mu\nu} = \frac{8\pi G}{C^4} T_{\mu\nu} \tag{1-3}$$

方程左边代表时空弯曲，右边代表物质，其核心概念就是物质导致时空弯曲。

(3) 德国天文学家、物理学家施瓦西(K. Schwarzschild，1873—1916)看到爱因斯坦场方程后，通过计算得到了爱因斯坦引力场方程的一个真空解，这个解表明，如果将大量物质集中于空间一点，其周围会产生奇异的现象，即在质点周围存在一个界面——视界(horizon)，一旦进入这个界面，即使光也无法逃脱。这就是惠勒命名的黑洞。这种不带电荷、不旋转、球对称的黑洞，人们称之为施瓦西黑洞。如果太阳塌缩成一个施瓦西黑洞，则黑洞视界大小约为 3 km，而如果地球塌缩成黑洞，其视界半径还不到 1 cm[97]。

(4) 1930 年，印度裔美国籍物理学家和天体物理学家钱德拉塞卡(S. Chandrasekhar，1910—1995)提出白矮星存在质量上限，指出白矮星的最高质量约为 3×10^{30} kg，是太阳质量的 1.44 倍，称为钱德拉塞卡极限(Chandrasekhar limit)。他的导师英国天文学家、物理学家、数学家爱丁顿(A. S. Eddington，1882—1944)立刻认识到如果接受钱德拉塞卡的分析，那么大质量恒星演化的最终结局就是不可避免地塌缩成中子星或黑洞[98]。

(5) 1934 年，德国天文学家巴德(W. H. W. Baade，1893—1960)和瑞士天文学家兹威基(F. Zwicky，1898—1974) 指出，当一个衰老的大质量恒星核无法再通过热核反应产生能量时，它有可能会通过引力塌缩的过程塌缩为一个中子星或黑洞。

(6) 1939 年，著名犹太裔美国籍物理学家、原子弹之父奥本海默(J. R. Oppenheimer，1904—1967) [99]计算出，一颗质量超过太阳质量 3 倍(奥本海默极限)而又没有任何热核反应的"冷恒星"，一定会在自身引力的作用下塌缩成为黑洞，也就是说该恒星已经成为死亡遗骸。

(7) 1963 年，新西兰物理学家克尔(R. P. Kerr，1934—)等又得出了一个旋转黑洞

的精确解[100]，对应的旋转黑洞称为克尔黑洞。相比施瓦西黑洞而言，克尔黑洞具有角动量或自旋。在克尔黑洞中，黑洞视界大小与黑洞自旋有关。

(8) 1974 年，英国著名物理学家和宇宙学家霍金(S. W. Hawking，1942—2018)提出黑洞蒸发的概念[101]，认为在黑洞周围，在虚粒子产生的相对瞬间，会出现四种可能性：直接湮灭、双双落入黑洞、正粒子落入黑洞而负粒子逃脱、负粒子落入黑洞而正粒子逃脱，而且最后一种可能性最低。霍金还证明，每个黑洞都有一定的温度，而且温度的高低与黑洞的质量成反比。也就是说，大黑洞温度低，蒸发也微弱；小黑洞温度高，蒸发也强烈，类似剧烈的爆发。相当于一个太阳质量的黑洞，大约要 1×10^{66} 年才能蒸发殆尽；相当于一颗小行星质量的黑洞会在 1×10^{-21} s 内蒸发得干干净净。

拉普拉斯　　　　　　惠勒　　　　　　施瓦西

钱德拉塞卡　　　　　爱丁顿　　　　　巴德

兹威基　　　　　奥本海默　　　　　霍金

3) 黑洞的分类

(1) 按质量分类[102-104]：① 微黑洞，原子尺度，大小约 10^{-8} cm，像座大山；② 恒星级黑洞，尺度大约为 30 km，质量相当于 10 M☉；③ 星系级巨型黑洞，尺度大约为 3 l.y.(光年，1 l.y.=9.46×10^{15} m)，质量几十万 M☉到几十亿 M☉；④ 宇宙大黑洞，可观测的宇宙，尺度为 10^{10} l.y.，质量 10^{22} M☉。

(2) 按物理特性分类[105-106]：① 不旋转、不带电荷的黑洞，即施瓦西黑洞，也是最简单的黑洞；② 不旋转、带电荷的黑洞，称 R-N 黑洞，时空结构于 1916～1918 年由赖斯纳(Reissner)和纳自敦(Nordström)求出；③ 旋转、不带电荷的黑洞，即克尔黑洞；④ 带电荷且旋转的一般黑洞，称克尔-纽曼黑洞，时空结构于 1965 年由纽曼(T. Newman)求出。

4) 黑洞的天文观测

黑洞无法直接观测，但可以借由间接方式得知其存在与质量，并且可以观测到它对其他事物的影响。黑洞形成后，周遭的物质会不断被吸入黑洞中而无法被观测，更无法指出黑洞的单独存在。但当双星中的一方为黑洞时，来自另一方星球的气团会不断流入黑洞，骤然激起高温，这时 X 射线会闪光发亮，以此可以间接发现黑洞的存在；借由物体被吸入之前的因高热而放出的 γ 射线和 γ 射线的边缘信息，可以获取黑洞存在的信息；也可借由间接观测恒星或星际云气团的绕行轨迹，推测出黑洞的位置及质量。实际上人们正是依靠探测引力波揭示了黑洞的起源。黑洞并合、中子星并合及黑洞-中子星并合都会产生引力波。视界望远镜观测到的就是黑洞周围电磁辐射的过程[107]。北京时间 2019 年 4 月 10 日 21 时，视界望远镜项目在比利时布鲁塞尔、智利圣地亚哥、中国上海和台北、日本东京及美国华盛顿全球六大城市同步举行新闻发布会，以英语、汉语、西班牙语、丹麦语和日语公布人类获得的首张黑洞照片(图 1-25)。这张照片摄自梅西耶 87(M87)星系中心的黑洞，该黑洞重约(6.5±0.7)×10^9M☉[108]，距离地球 5600 万光年。照片由全世界横跨几大洲的 8 台毫米波望远镜进行联网观测(图 1-26)。视界望远镜项目团队成员包括来自中国科学院上海天文台等单位的 10 余名中国成员。可以说这首张黑洞照片是继 2016 年发现引力波之后人们寻找到的爱因斯坦广义相对论最后一块缺失的拼图。

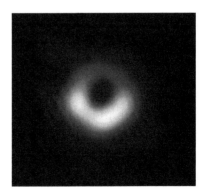

图 1-25 首张黑洞照片

2017 年 6 月 15 日，我国第一颗空间 X 射线天文卫星"慧眼"发射升空(图 1-27)，

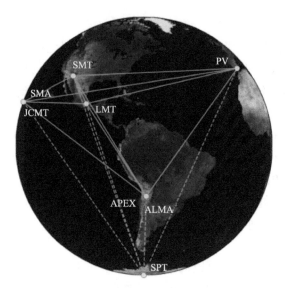

图 1-26　参与观测的视界望远镜全球分布

6 个地理位置上共 8 个观测点

图 1-27　"慧眼"卫星的概念图

在浩瀚宇宙中架起了一座属于中国人自己的空间望远镜(首席科学家为李惕碚院士和张双南研究员)。这台望远镜能观察黑洞、中子星、γ 射线暴乃至引力波暴等多种高能天体,并在引力波电磁对应体 GW170817 的联合观测中做出了重要贡献。

　　发现和研究黑洞存在的证据有助于了解暗物质的性质,或了解早期宇宙结构的起源,了解巨大黑洞形成对宇宙次序的影响,将在研究宇宙学及物理学等方面发挥极其重要的作用。

思考题

1-5 学习本节内容后，你对恒星演化有哪些认识提高了？黑洞还是那么神秘吗？

1.3.2　高压下的物相转变

1. 概念

在高压(常伴随高温)下可以得到常态时不能生成或难以生成的物质，研究这一过程可以发现常规条件下难以产生而只在高压环境才能出现的新现象、新规律、新物质、新性能、新材料。1955 年人工合成金刚石的成功[109]，大大促进了高压合成研究的开展。随着多年来高压技术的不断发展，人们得到的新物相不断增多。一个单元系或二元系物质在常压下可能只有几个稳定相，它们在高压下大部分可变为成分相同的高压相或新成分的高压相；二元系的两相区也能形成新的高压化合物。它们具有不同的结构，也往往有可被利用的物理、化学等多种性能。高温高压作为一种特殊手段，可以有效改变物质原子间距和原子壳层状态，因而经常用作调控原子间距、信息探针和其他特殊应用的手段。

为什么高压合成时常常要高温？因为单纯的高压合成就是利用外加的高压，使物质产生多型相转变或发生不同物质间的化合，从而得到新物相、新化合物或新材料。但是，当外加的高压卸掉之后，大多数物质的结构和行为会产生变化，又失去高压状态的结构和性质。因此，通常的高压合成采用高压和高温两种条件，目的是使卸压降温以后的高压高温合成产物能够在常压常温下保持其高压高温状态时的特殊结构和性能。

高压产生有静压法和动压法两种。静高压是指利用外界机械加载方式，通过缓慢施加负荷挤压被研究的物体，当其体积缩小时在物体内部产生的高压；动高压是指利用爆炸、强放电等产生的冲击波在皮秒到微秒级的瞬间以很高的速度作用到物体上，可使物体内部压力达到几十吉帕甚至上千吉帕，同时伴随着骤然升温。

常见的静高压产生装置有两类[110-112]。一类是将油压机作为动力推动高压装置中的高压构件，通过挤压试样产生高压。最常见的有六面顶(高压构件由六个钉锤组成，图 1-28)和年轮式两面顶(高压构件由两个钉锤和一对压缸组成，图 1-29)装置。另一类是利用天然金刚石作钉锤(压砧)制成的微型金刚石对顶砧(diamond anvil cell，DAC)，它可产生几十吉帕到三百多吉帕的高压，同时可与同步辐射光源、X 射线衍射仪、拉曼散射仪等设备联用[113]。

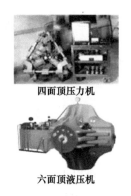

四面顶压力机

六面顶液压机

图 1-28 多面顶压力机

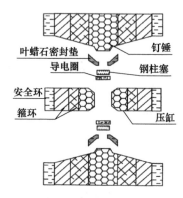

图 1-29 两面顶高压构件

高压测量常采用物质相变点定标测压法[110,114]。利用国际公认的某些物质的相变压力作为定标点，将与之对应的外加负荷联系起来就得到压力定标曲线，即可对高压腔内试样所受的压力进行定标。通常是利用纯金属 Bi(Ⅰ→Ⅱ)(2.5 GPa)、Ti(Ⅰ→Ⅱ)(3.67 GPa)、Cs(Ⅱ→Ⅲ)(4.2 GPa)、Ba(Ⅰ→Ⅱ)(5.3 GPa)、Bi(Ⅲ→Ⅳ)(7.4 GPa)等相变时电阻发生跃变的压力值作为定标点。对于微型金刚石对顶砧高压装置，常采用红宝石荧光的 R 线随压力红线的效应进行定标测压，也有人利用 NaCl 晶格常数随压力的变化来定标。

2. 实例

1) 人造金刚石的高压高温合成

金刚石是至今自然界已知的最硬的材料。人们模拟远古时熔岩冷却固化时产生的高温高压促使残留在其中的石墨构型的碳转变成金刚石的条件，开展了人工合成金刚石的广泛研究。1954 年 12 月 8 日，美国通用电器公司首次合成了人造金刚石[109]，1958 年，人工合成金刚石就投入了商业生产和运营。

从金刚石和石墨的热力学数据(表 1-2)可以知道在常温和常压下，石墨比金刚石稳定[115]。由碳的早期相图[116](图 1-30)分析：

$$C(石墨) \longrightarrow C(金刚石)$$

$\Delta_f G_m^\ominus / (kJ \cdot mol^{-1})$	0	2.87
$d / (g \cdot cm^{-3})$	2.266	3.514

由于 $\Delta_r G_m^\ominus = 2.87\,kJ \cdot mol^{-1}$，反应不能自发进行。考虑到上述反应是一种体积变小的反应，加压有利于反应的进行。热力学上用来计算压力变化对 $\Delta_r G$ 影响的公式如下：

$$\Delta_r G_{p_2} - \Delta_r G_{p_1} = \Delta V\left(p_2 - p_1\right) \tag{1-4}$$

在 p_2 压力下，石墨转变成金刚石的反应要自发进行，即 $\Delta_r G_{p_2} \leqslant 0$，故有

$$p_2 = (-\Delta_r G_{p_1})/\Delta V + p_1 = 1.5 \times 10^9 \text{ Pa}(298\text{ K}) \tag{1-5}$$

表 1-2　金刚石和石墨的热力学数据

物质	$\Delta_f H_m^\ominus /(\text{kJ·mol}^{-1})$	$S_m^\ominus /(\text{J·mol}^{-1}\text{·K}^{-1})$	$\Delta_f G_m^\ominus /(\text{kJ·mol}^{-1})$	$c_{p,m}^\ominus /(\text{J·mol}^{-1}\text{·K}^{-1})$	$d/(\text{g·cm}^{-3})$
金刚石	1.90	2.44	2.87	6.05	3.514
石墨	0.00	5.69	0.00	8.64	2.266

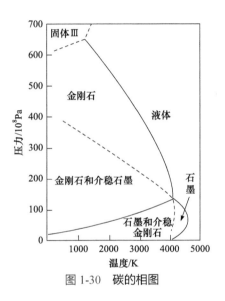

图 1-30　碳的相图

　　图 1-31 为添加金属催化剂将石墨转化为金刚石的晶体结构变化。1962 年，人们实现了在不加催化剂、12.5 GPa、3000 K 的条件下该反应的静高压高温转变。

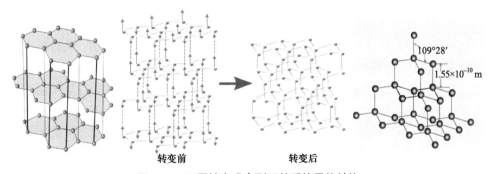

图 1-31　石墨转变成金刚石前后的晶体结构

2) 石英的高压高温多型相变

柯石英、超石英(斯石英)是石英的高压相变体(图 1-32)。常温常压下生成的石英密度为 2.65 g·cm⁻³。柯石英的密度为 2.93 g·cm⁻³，具有长石型的架状结构且为二轴晶体，一般在大于 25 kPa 压力下生成；超石英是一种更为致密的石英变体，密度为 4.28 g·cm⁻³，具有金红石型结构，为一轴晶体，在高于 1.15 GPa 的压力下形成。二者都是准稳定态的结晶物，只有在较早期的撞击岩石中才能找到。柯石英为高折射率的透明矿物，往往与冲击成因的玻璃质(击变玻璃)共生，超石英几乎不透明。二者都需要采用 X 射线衍射技术才能确定。

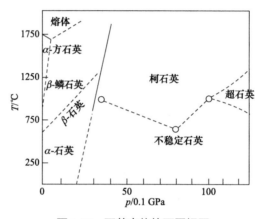

图 1-32　石英变体的不同相区

早在 1953 年，库斯(L. Coes)以 α-SiO₂ 为原料在矿化剂的参与下，利用 3.5 GPa 和 2050 K、15 h 的高压高温条件得到了柯石英[117]。1962 年，Chao 等在 16.0 GPa 和 1500～1700 K 静高压条件下合成了超石英[118]。静高压合成柯石英的压力和温度等实验条件是提出地球板块俯冲-折返假说的基础，因此引起地质学者的极大兴趣[119-121]。

3) 金属氢的高压高温制备

英国物理学家贝尔纳(J. B. Bernal，1901—1971)早在 1925 年就提出假说：任何材料在足够大的压力下都可以变成金属[122]。从氢的相图可以看出，氢的金属态只存在于高压下(图 1-33)[123]。

1935 年，威格纳(E. P. Wigner)和亨廷顿(H. B. Huntington)从理论计算说明，金属氢作为氢的金属相是可能存在的，而且在不低于 40 GPa 的压力下，固氢可以向金属氢转变[124]。此后，不同的学者对这个问题进行了很多研究，预言金属氢转变压力在 25～1800 GPa 之间。徐济安和朱宰万[125]在总结国外工作的基础上，对金属氢的转变压力、超导转变温度及其他物理性质进行了理论计算，计算结果是：金

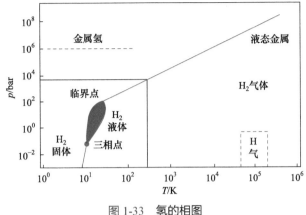

图 1-33　氢的相图

属氢的转变压力 p =135 GPa，超导转变温度 $T_c \approx 80$ K。1988 年，美国卡内基研究所地球物理实验室毛河光(H. K. Mao)等观察到，氢在 150 GPa、77 K 时发生分子内伸缩振动的振子(vibron)频率不连续变化的相变[126]。一年后，哈佛大学的斯尔维拉(I. F. Silvera)小组对其进行了证实[127]。1989 年，毛河光等用金刚石对顶砧在低温高压下发现了黑色金属氢相[128]：

$$H_2(g) \xrightarrow[\text{77K}]{>2.5\times10^8 \text{ kPa}} H(s) \tag{1-6}$$

由于金属氢的特殊性能，它可能是高密度、高储能材料，高 T_c(超导转变温度)材料和高导电、导热材料。

(1) 高密度、高储能材料。金属氢的密度达到 0.562 g·cm^{-3}，是固氢(0.089 g·cm^{-3})的 6.3 倍，是液氢(0.071 g·cm^{-3})的 7.9 倍。作为超高能炸药，金属氢储存了极高的能量，约为 218 kJ·g^{-1}，约是奥克托今(HMX, 5.53 kJ·g^{-1})的 39 倍，约是三硝基甲苯(TNT, 4.65 kJ·g^{-1})的 47 倍，约是最好的航空燃料能量的 200 倍。如果用金属氢作为火箭燃料，因其比冲近于 1700 s(而 JP4 加液氧只有 400 s 左右)，可用于小尺寸、小质量、高性能的运载火箭[129]。

(2) 高 T_c 材料。由于氢的质量小，德拜频率高，德拜温度为 3000 K，金属氢的高超导电性是一般材料的 6 倍(根据 McMillan 方程)。阿什克罗夫特(N. W. Aslleroft)指出[130]：金属氢可能是室温超导体。也就是说，利用金属氢就可以把超导现象的应用从零下二百多摄氏度提高到室温附近。因此，利用金属氢就可以实现没有损耗的电力输送，不用低温装置的超导强磁场、储能线圈、高速磁悬浮列车、高灵敏的超导陀螺和超导天线等，从而大大开拓超导技术应用的前景。李俊杰等[131]利用简单金属的赝势理论方法计算了固氢的金属转变压力，并探讨了金属氢可能的晶体结构及力学、热学等物理性质。计算结果表明，在绝对零度条件下，分子态固氢(HCP 结构)向原子相金属氢(FCC 结构)转变的压力 p_t = 465.95 GPa，并用强耦合超导电-声强耦合常数计算公式得出 HCP 结构金属氢的超导转变温度为 158.2 K[132]。

(3) 高导电、导热材料。从塞曼方程出发可以计算金属氢在零压下的电阻率为 $0.638×10^{-6} \Omega \cdot cm$，比电的良导体铜的电阻率($1.692×10^{-6} \Omega \cdot cm$)还小。从高的导电性能可以预期金属氢具有良好的导热性能。计算表明金属氢的热导率为 $10.5 W \cdot K^{-1} \cdot cm^{-1}$，是铜的一倍以上[133-134]。

(4) 推动地球物理、天体物理、固体物理学科的发展。在宇宙空间中，许多天体包含大量的氢，如木星和土星主要是由氢组成。德马库斯(W. C. Demarcus)认为[135]，在木星(图 1-34)、土星内存在很高的压力，其中大部分氢可能处于金属态，氢的含量分别达到了 78% 和 63%。利用金属氢良好的导热性，预测在这些星球内部的温度不均匀性不会很大。在地球内部，根据地震波在 2900 km 深处的不连续现象，认为此处可能存在一定比例的金属氢。因此，金属氢的研究对认识星球的内核构造也具有重要意义。

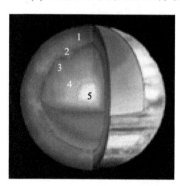

图 1-34　木星的构成示意
1. 大气层顶；2. 云层顶；3. 液氢；
4. 液态金属氢；5. 岩石核心

4) 利用压力作用提高材料离子电导率

尖晶石型钛酸锂($Li_4Ti_5O_{12}$, LTO)被称为"零应变"锂电池材料，其结构很稳定，在锂离子嵌入和脱出过程中其晶胞体积几乎不变。较高的晶体结构稳定性使它具有优良的循环性能和稳定的放电电压。除此之外，它还具有较高的电极电压和较快的充放电速率等优点。这些优势使 LTO 成为重要的锂离子电池材料。然而美中不足的是，LTO 的电导率很低，束缚了其在高功率电池需求中的应用。为了提高其电导率，科学家做了大量的研究和探索，但效果并不显著。

北京高压科学研究中心王霖课题组和中国科学院地球化学研究所、中国科学院物理研究所等多个单位合作，结合原位高压实验研究和第一性原理计算方法，对 LTO 在高压下的结构稳定性和电导率等性质进行了细致的研究[136]。他们利用金刚石对顶砧高压原位测量技术，对 LTO 在高压下的结构相变和电导率进行了表征，发现 LTO 在高压下结构并不稳定，会发生畸变；当压力达到 27 GPa 时，由于晶格畸变过于严重，会发生不可逆的非晶相变(图 1-35)。在卸压过程中发现，该非晶相的 LTO 可以保留至常压。原位电导率测量发现，该非晶相 LTO 在高压下和常压下都有更高的电导率。

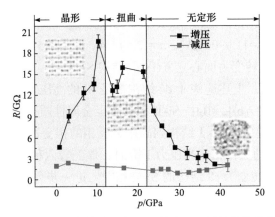

图 1-35 压力加载和卸载过程中 LTO 的电阻及晶体结构的变化情况

5) 利用压力作用获得非常规晶相

单晶硅(monocrystalline silicon)和多晶硅(polysilicon)均因点阵结构完整而具有良好的半导体性质,被广泛地应用在电子材料、集成电路和光伏转换等领域。常温常压下,Si 的最稳定构型是金刚石结构(Si-Ⅰ,dc 结构)[137],呈正四面体排列,可延展得非常庞大,形成稳定的晶格结构(图 1-36),是制造太阳能电池的主要原料。

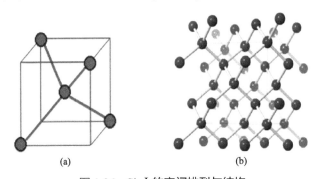

图 1-36 Si-Ⅰ的空间排列与结构

由于 Si—Si 键相对较弱,压力可引起键变形、断裂和重组[138-139],诱导硅纳米晶的结构发生相变。当压力增加到 11.3～12.5 GPa 时,单晶硅将由金刚石型(Si-Ⅰ)转变为 β-Sn 型(Si-Ⅱ)[140],晶型转变所需要的压力如图 1-37(a)中箭头所指之处。能量色散 X 射线衍射(EDXD)显示当压力增至 13 GPa 时,Si-Ⅰ在(111)处的特征峰变弱,Si-Ⅱ的衍射峰占主导;压力升高超过 15 GPa 后,Si-Ⅱ将首先相变到斜方的 *Imma* 结构(Si-ⅩⅠ);压力为 16 GPa 时,样品几乎完全转变为新相Si-Ⅴ,衍射图谱分析证明 Si-Ⅴ属简单六方晶系(*D6h*,*P6/mmm* 空间群,晶胞参数为 $a = 2.527$ Å,$c = 2.373$ Å[138,141]);当压力为 34 GPa 时,正交结构的 *Cmca*

相(Si-VI)和密排六方结构的 HCP 相(Si-VII)均出现；进一步加压至 43 GPa 时，Si-VI 完全转变为 Si-VII[V_a=11.090(3)Å^3，a = 2.444 Å，c = 4.152 Å，c/a=1.699]；压力为 78 GPa 时，Si-VI 转变为面心立方(FCC)结构 Si-X 相，且压力为 250 GPa 时也能一直稳定存在[142]。上述这些非 dc 结构都是 Si 的高压相，且其总能量均高于 dc 结构的 Si[图 1-37(b)]，其中 Si-III 相具有半金属性质，其他相均为半导体性质。相变中动力学能垒使 Si-I 结构到高压金属相的相变过程不可逆[143]，却会出现一些新的高密度的亚稳相。当压力下降时，伴随着六种 Si 的亚稳态的出现，Si-II 相慢速卸压会转变为 r8 结构的 Si-XII 相[144]，进一步释压变为 Si-III(bc8)[145]。对 Si-III 相和 Si-XII 相继续在低温下退火处理，则它们会转变为六方金刚石(hd)结构 Si-IV 相[146]。Si-II 相在快速释放压力条件下转变的结果是 Si-VIII 四方结构相和 Si-IX 四方结构相[147]。当对卸压后的硅圆片进行退火时可得到 Si-XII 的一种亚稳相[148-149]。

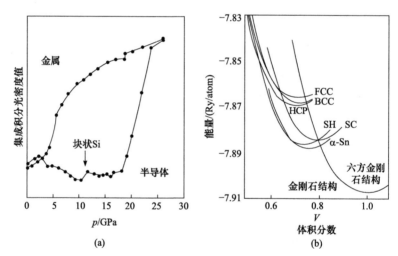

图 1-37　(a) 用光学吸收法测定的包覆二氧化硅的直径为 9.6 nm 的硅微晶的相行为；(b) 各种 Si 的高压相的总能量比较

1.3.3　冰在负压下的压力−温度相图

前面谈到了高温高压对物相结构的改变，而低温和高压下生成的可燃冰，也称天然气水合物(gas hydrate)，会使人们想到：低温低压对物质的相结构是否也会有影响？冰是否一定比水轻呢？

1. 再谈冰结构

由于水分子之间存在强度和位置可以灵活变动的氢键，周围的环境条件如压力和温度改变甚至特定的掺杂物不仅能够抑制某些相，还可能诱导形成新的冰相[10,150]，冰呈现出极其丰富和复杂的相图[151](图 1-38)。因此，水和冰的研究对于宇宙的认知以及人类自身的生存和发展均具有极其重要的意义。表 1-3 列出 18 种已经在实验室中合成的冰晶体的相关性质。

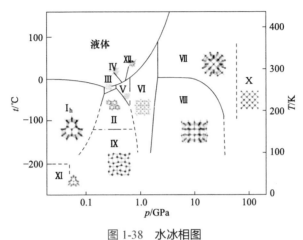

图 1-38　水冰相图

表 1-3　已知冰晶体的相关性质

冰序	晶体结构	制备及性质	$d/(\text{g} \cdot \text{cm}^{-3})$
冰-I_h	六方晶体[152]	由水汽或水结晶形成，相对开放的低密度晶体，具有六重轴高对称性的六角冰，基本晶胞单元可以看作由两个反向六元环组成的六角盒子	0.926
冰-I_c	立方晶体[153]	低于−80℃条件下由水汽聚集形成，或在低于−30℃条件下在水滴中结晶而成[154]，也可在 77 K 时由高密度冰通过减压的方法相变而得[155]	0.933
冰-II	菱形晶体[156]	由冰-I_h、冰-V、冰-III 转变生成，且在一定条件下可以相变生成冰-I_c	1.195
冰-III	四方晶体[157]	由液态水在 300 MPa 下降温到 250 K 得到，在相图中有一个狭窄的区域	1.16
冰-IV	菱形晶体[158]	存在于冰-III、冰-V 和冰-VI 中	1.275
冰-V	单斜晶体[159]	由液态水在一定温度和压力条件下直接结晶形成	1.233
冰-VI	四方晶体[160]	由液态水在一定温度和压力条件下直接结晶形成	1.314
冰-VII	立方晶体[161]	由液态水在一定温度和压力条件下直接结晶形成	1.591
冰-VIII	立方晶体[162]	由冰-VII 降温形成	1.885
冰-IX	四方晶体[156]	由于其亚稳性，随时间演化为冰-II	1.16
冰-X	立方晶体[163]	冰-VII 经过连续相变最终稳定为冰-X	2.785

续表

冰序	晶体结构	制备及性质	$d/(\text{g} \cdot \text{cm}^{-3})$
冰-XI	正交晶体[164]	六角冰 I_h 在低温条件下相变形成，通常看作是 0 K、0 Pa 条件下冰相的基态结构	0.930
冰-XII	四方晶体[165]	高密度的无定形冰在一定条件下可以形成冰-XII，亚稳态，在相图中可以存在于冰-V占据的区域[166]	1.301
冰-XIII	亚稳晶体[166]	冰-V的质子有序态	1.247
冰-XIV	亚稳晶体[167]	冰-XII的质子有序态	1.294
冰-XV	赝正交晶体[168]	冰-VI在低温下的质子有序态，其元胞构型是由两个偶极方向相反的独立氢键相互交叉而成的，体系整体的偶极矩为零，冰-XV是具有反铁电性质的冰相	1.328
冰-XVI	笼形立方结构[169]	由氖气水合物除掉氖气分子得到，具有极低密度	0.81
冰-XVII	笼形冰[170]	由氢气水合物除掉氢气分子得到，具有极低密度	0.85

除表 1-3 所列已实验确认的冰相外，日本的鲁索(J. Russo)等[171]在分子动力学模拟冰的成核过程中发现了冰-0 相，其结构类似于过冷液体，零压下的密度为 $0.99 \text{ g} \cdot \text{cm}^{-3}$，为亚稳相，会逐渐结晶成为六角冰- I_h 或立方冰- I_c。俄罗斯的卡思雅科夫(V. I. Kosyakov)等[172]和西班牙的康德(M. M. Conde)等[173]提出把水合物 I、II 和 H 相的水晶格作为虚拟冰相，其密度分别为 $0.845 \text{ g} \cdot \text{cm}^{-3}$、$0.832 \text{ g} \cdot \text{cm}^{-3}$ 和 $0.813 \text{ g} \cdot \text{cm}^{-3}$。大连理工大学赵纪军课题组预言了两个可以稳定存在于极低负压区域的超低密度冰相 s-III[174] 和 s-IV[175]，其密度分别为 $0.593 \text{ g} \cdot \text{cm}^{-3}$ 和 $0.506 \text{ g} \cdot \text{cm}^{-3}$。此外，还有许多通过结构预测方法得到的部分离子或超离子冰相[176-179]，其密度为 $6 \sim 8 \text{ g} \cdot \text{cm}^{-3}$，存在于 1000 GPa 量级的超高压力条件下。

2. 低密度冰相

从表 1-3 可以看出，已知的低密度冰相的数目较少，说明探索新型的低密度冰对丰富冰的相图以及加深对冰的认知都有重要意义。

1) 低密度冰相概述

大连理工大学赵纪军课题组[180]以冰-XI或六角冰- I_h 的密度(约为 $0.93 \text{ g} \cdot \text{cm}^{-3}$)为参照，将低于这个密度值的冰相定义为低密度冰相。表 1-3 中只有两个低密度冰相冰-XVI和冰-XVII，两者均采取与客体分子之间的相互作用，从 II 型氖气笼形水合物中除去所有氖气分子得到质子无序的冰-XVI晶体[169]，从 C_0 型氢气水合物中除去所有氢气分子得到质子无序的冰-XVII晶体[170]。显然，这是一个获得低密度冰相的好思路。依此思路，美国的芬内尔(C. J. Fennell)等[181]用计算机模拟了在不同水模型下液态水的结晶过程，发现了两个比六角冰 I_h 更稳定的相冰-i 和冰-i′，它们的密度比六角冰 I_h 低 0.07 g·cm^{-3}。假想的低密度笼形冰包括源于甲烷水合物相的 I 型笼形冰、H 型笼形冰[182]和 K 型笼形冰[183]，以及源于氩气水合物的 T 型笼形冰[184]。I 型笼形冰的元胞是立方晶体，由 2 个十二面体的 5^{12}(数字为多边形的边数，指数之和为多面体的面数，下同)小笼子和 6 个十四面体的 $5^{12}6^2$ 大笼子组成；II 型笼形冰的元胞也是立方晶体，由 16 个十二面体的 5^{12} 小笼子和 8 个十六面体的 $5^{12}6^4$ 大笼子组成；H 型笼形冰的元胞是六角晶体，由 3 个十二面体的 5^{12} 小笼子、2 个十二面体的 $4^35^66^3$ 中等尺寸笼子和 1 个二十面体的 $5^{12}6^8$ 大笼子组成；T 型笼形冰的元胞是四方晶体，由 2 个十四面体的 $4^25^86^4$ 笼子组成；K 型笼形冰的元胞也是四方晶体，由 6 个十二面体的 5^{12} 小笼子、5 个十四面体的 $5^{12}6^2$ 中等尺寸笼子和 4 个十五面体的 $5^{12}6^3$ 大笼子组成[182]。

合成的 II 型笼形冰和假想的低密度笼形冰的可能存在，是否告诉人们：只有制备出具有稳定结构的大型笼形冰才可制备出低密度冰新相？

2) 负压下冰相的热力学相图

可以在冰的相图中看到：当温度恒定时，随着压力的不断升高，相变会不断发生，同时伴随冰相密度的增加。反之，当温度恒定时，随着压力的不断降低，相变是否会不断发生？密度不断减小的冰相是否会找到？面对这些问题，拓展负压下的相图研究就很有必要了。

卡思雅科夫等[172]通过估算液态水、六角冰和两个假想的低密度 I、II 型笼形冰相的吉布斯自由能，给出了这几个相在负压下的温度-压力相图。该相图给出了液态水、六角冰和 II 型笼形冰的三相点。由于 I 型笼形冰具有较高的自由能，因此并没有出现在相图中。相比于六角冰，II 型笼形冰可以稳定存在于更低的负压区域，说明密度较低的冰相可以存在于较低的负压条件下。美国的雅各布森(L. C. Jacobson)等[185]用 mW 水模型模拟了低密度冰-I_h 和 I、II 型笼形冰的生长过程，通过比较它们在不同温度和压力条件下的热力学稳定性给出了 T-p 相图。这 3 个冰相的相对稳定性与卡思雅科夫等得到的结论类似，只是所有共存曲线朝着正压的方向平移了约 200 MPa。

康德等[173]用 TIP4P/2005 模型模拟了所有低密度冰相(冰-i、冰-i′、冰-I_h、冰-XI 以及 I、II、H 型笼形冰)在负压下的热力学稳定性，给出了一个相对可靠的 T-p 相图(图 1-39)。图中显示，随着负压值的不断减小，作为最稳定的冰相依次出现的顺序是冰-XI/I_h、II 型笼形冰、H 型笼形冰，并且在这个过程中冰相的密度不断减小。

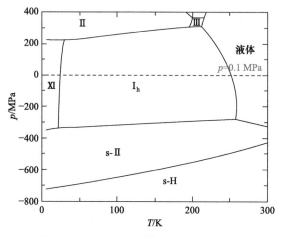

图 1-39　TIP4P/2005 模型下水的负压相图

大连理工大学黄盈盈等选择 TIP4P/2005 模型[175]计算冰相的自由能，并且做出吉布斯-杜安(Gibbs-Duhem)积分构造水在负压下的 T-p 相图(图 1-40)。图中出现 4 个冰相，分别是冰-XI、I_h、s-Ⅱ 和 s-Ⅲ。由于其他候选冰相如 s-Ⅰ、s-K、s-T 和 s-H 的自由能较高，因此没有出现在相图中。在所有的温度条件(0～300 K)下，s-Ⅱ 笼形冰晶体一直作为最稳定的相出现在冰-XI、I_h 和液态水的下方，这与前人的模拟结果[172-173]一致。外推到 0 K 温度点，在压力为–335.7 MPa 时，冰-XI 会相变为 s-Ⅱ 笼形冰晶体，该相变压力与康德等[173]得到的临界压力值–363.9 MPa 非常接近。在更低的负压区域内，压力为–583.4 MPa(T=0 K)或者–341.1 MPa (T=300 K)时 s-Ⅱ 会进一步转变成 s-Ⅲ 笼形冰相，而且这两个相的共存曲线随温度升高而上升。在 s-Ⅱ/s-Ⅲ 共存线的下方，s-Ⅲ 取代了以前认为的 s-H[173]而成

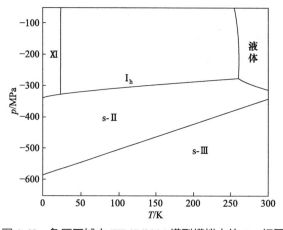

图 1-40　负压区域内 TIP4P/2005 模型模拟水的 T-p 相图

为占据极低负压区域的冰相。另外，根据 *H-p* 曲线[180]，在 0 K 下冰-XI/s-Ⅱ和 s-Ⅱ/ s-Ⅲ的相变压力分别为−400.9 MPa 和−550.0 MPa，这个结果非常接近用 TIP4P/2005 模型模拟得到的临界压力值−335.7 MPa 和−583.4 MPa。

　　总之，上述研究结果说明：①在相图中寻找低密度冰相区就是寻找笼形水合物的相区，这些相区存在于负压区域内；②先合成含有小尺寸客体分子的合适大小的笼形水合物，然后把客体分子从笼子中释放，就可以得到不含客体分子的笼形冰晶体。因此，基于实验室中已经制备出无客体分子填充的 s-Ⅱ笼形冰，且被认定为冰-XVI 相，那么 s-Ⅲ和 s-Ⅳ笼形冰很可能是冰-XVIII 或冰-XIX 的候选结构。而且，这些笼形水合物一旦在实验室中被合成，则可以作为一种储存气体的材料用来封装气体分子(如 H_2、CH_4、CO_2 等)。计算表明：s-Ⅲ笼形冰在低温和室温下的储氢能力均为 s-Ⅱ的 2 倍左右[180]，可达到美国能源部在海陆运输上制订的储氢目标。

　　3) 可燃冰

　　可燃冰是一种白色固体物质，有极强的燃烧力，$1 \, m^3$ 可燃冰与 $164 \, m^3$ 天然气燃烧释放的能量相当(图 1-41)。可燃冰主要由水分子笼和烃类气体分子(主要含有 80%～99.9% 的甲烷，其他成分还有 C_2H_6、C_3H_8、C_4H_{10} 等同系物以及 CO_2、N_2、H_2S)组成，可用 $mCH_4 \cdot nH_2O$ 表示，*m* 代表水合物中的气体分子数，*n* 代表水合指数，也就是水分子数，特指 $CH_4 \cdot 8H_2O$。可燃冰的结构示意图见图 1-42[186]。可燃冰燃烧产物是水和二氧化碳，对环境污染小，是新型能源，可以成为煤、石油、天然气等传统能源的候补能源。

　　形成可燃冰有三个基本条件：温度、压力和原材料。首先，可燃冰可在 0℃ 以上生成，但超过 20℃便会分解，而海底温度一般保持在 2～4℃。其次，可燃冰在 0℃时只需 3 MPa 即可生成，而在海洋深处 3 MPa 很容易保证，并且气压越大，水合物就越不容易分解。最后，海底的有机物沉淀中丰富的碳经过生物转化可产生充足的气源。海底的地层是多孔介质，在温度、压力、气源三者都具备的条件下，可燃冰晶体就会在介质的空隙间生成。

图 1-41　可燃冰燃烧

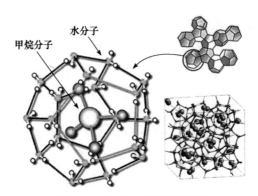

甲烷分子　水分子

图 1-42　可燃冰的结构示意图

　　科学家的评价结果表明，仅在海底区域，可燃冰的分布面积就达 4000 万 km^2，占地球海洋总面积的 1/4。目前，世界上已发现的可燃冰分布区有 100 多处，遍布欧洲、亚洲、非洲、大洋洲和美洲等[187]，其矿层之厚、规模之大，是常规天然气田无法比拟的。仅我国海域可燃冰的储藏量就约为 800 亿吨油当量[188]。目前，可燃冰开采仍处于探索阶段，其涉及复杂的技术问题和安全问题[189]。中国、美国、加拿大、印度、韩国、挪威和日本已开始可燃冰的研究计划，日本已建成 7 口探井，美国希望在海床或永久冻土带进行商业开采。我国可燃冰储量丰富，开发潜力巨大，虽然研究起步较晚，但发展速度和水平已居世界前列。

参 考 文 献

[1] 米斯拉(Misra P K). 凝聚态物理(影印版). 北京: 北京大学出版社, 2014.

[2] Bartels-Rausch T, Bergeron V, Cartwright J H E, et al. Rev Mod Phys, 2012, 84(2): 885-944.

[3] Pratt L R. Chem Rev, 2002, 102(8): 2625-2626.

[4] Andersson O, Suga H. Phys Rev B, 2002, 65(14): 140201(1-4).

[5] Hansen T C, Falenty A, Kuhs W F. Spec Publ Royal Soc of Chem, 2006, 311: 201-208.

[6] Pauling L J. Am Chem Soc, 1935, 57(12): 2680-2684.

[7] Petrenko V F, Whitworth R W. Physics of Ice. Oxford: Oxford University Press, 1999.

[8] Suga H. Thermochim Acta, 1997, 300(1-2): 117-126.

[9] Salzmann C G, Radaelli P G, Finney J L, et al. Phys Chem Chem Phys, 2008, 10(41): 6313-6324.

[10] Salzmann C G, Radaelli P G, Mayer E, et al. Phys Rev Lett, 2009, 103(10): 105701(1-4).

[11] Knight C, Singer S J. J Phys Chem B, 2005, 109(44): 21040-21046.

[12] Kuo J L, Kuhs W F. J Phys Chem B, 2006, 110(8): 3697-3703.

[13] Novoselov K S, Geim A K, Morozov S V, et al. Science, 2004, 306(5696): 666-669.

[14] Rader O, Varykhalov A, Sánchez-Barriga J, et al. Phys Rev Lett, 2009, 102(5): 057602(1-4).

[15] Barone V, Peralta J E. Nano Lett, 2008, 8(8): 2210-2214.

[16] Li W F, Zhang G, Guo M, et al. Nano Res, 2014, 7(4): 518-527.

[17] Duerloo K A N, Li Y, Reed E J. Nat Commun, 2014, 5(1): 1-9.

[18] Tripathi L N, Barua S. Prog Cryst Growth Ch Mater, 2019, 65(4): 100465(1-17).

[19] Wu M H, Fu H H, Zhou L, et al. Nano Lett, 2015, 15(5): 3557-3562.

[20] Li L K, Yu Y J, Ye G J, et al. Nat Nanotechnol, 2014, 9(5): 372-377.

[21] Yi Y, Yu X F, Zhou W H, et al. Mater Sci Eng R Rep, 2017, 120: 1-33.

[22] Clark S M, Zaug J M. Phys Rev B, 2010, 82(13): 134111(1-6).

[23] Boulfelfel S E, Seifert G, Grin Y, et al. Phys Rev B, 2012, 85(1): 014110(1-6).

[24] Cao Y, Fatemi V, Fang S, et al. Nature, 2018, 556(7699): 43-50.

[25] Cao Y, Fatemi V, Demir A, et al. Nature, 2018, 556(7699): 80-84.

[26] Cao Y, Legrain D R, Bigorda O R, et al. Nature, 2020, 583: 215-220.

[27] Uri A, Grover S, Cao Y, et al. Nature, 2020, 581: 47-52.

[28] Onnes H K. Communications, 1911, 122b, 124c.

[29] Beasley M R, Geballe T H. Phys Today, 1984, 37(10): 60-68.

[30] Müller K A, Bednorz J G. Science, 1987, 237(4819): 1133-1139.

[31] Wahid M H, Zainal Z, Hamadneh I, et al. Ceram Int, 2012, 38(2): 1187-1193.

[32] Fujita M. Physica C, 2012, 481: 23-30.

[33] Bardeen J, Cooper L N, Schrieffer J R. Phys Rev, 1957, 108(5): 1175-1204.

[34] 赵忠贤, 陈立泉, 杨乾声, 等. 科学通报, 1987, 6: 412-414.

[35] Anderson M T, Vaughey J T, Poeppelmeier K R. Chem Mater, 1993, 5(2): 151-165.

[36] Caglieris F, Leveratto A, Pallecchi I, et al. Phys Rev B, 2017, 96(10): 104508(1-5).

[37] Kamihara Y, Watanabe T, Hirano M, et al. J Am Chem Soc, 2008, 130(11): 3296-3297.

[38] Chen X H, Wu T, Wu G, et al. Nature, 2008, 453(7196): 761-762.

[39] Wen H H, Mu G, Fang L, et al. EPL, 2008, 82(1): 17009(1-5).

[40] Smith M G, Manthiram A, Zhou J, et al. Nature, 1991, 351(6327): 549-551.

[41] Yuan H Q, Singleton J, Balakirev F F, et al. Nature, 2009, 457(7229): 565-568.

[42] Gozar A, Logvenov G, Kourkoutis L F, et al. Nature, 2008, 455(7214): 782-785.

[43] Liu R H, Wu T, Wu G, et al. Nature, 2009, 459(7243): 64-67.

[44] Kawasaki S, Li Z, Kitahashi M, et al. Nat Commun, 2017, 8: 1267(1-7).

[45] Kapitza P. Nature, 1938, 141(3558): 74.

[46] Allen J F, Misener A D. Nature, 1938, 141(3558): 75.

[47] Leggett A J. Rev Mod Phys, 1975, 47(2): 331-414.

[48] Langmuir I. Proc Natl Acad Sci USA, 1928, 14(8): 627-637.

[49] 姚玉玲, 吴丽琨, 刘卫, 等. 岩矿测试, 2015, 34: 224-228.

[50] 沈锴钧. 中国战略新兴产业, 2018, 40: 146.

[51] 许根慧, 姜恩永, 盛京, 等. 等离子体技术与应用. 北京: 化学工业出版社, 2006.

[52] 赵化桥. 等离子体化学与工艺. 合肥: 中国科学技术大学出版社, 1993.

[53] Xiao J K, Tan H, Wu Y Q, et al. Surf Coat Technol, 2020, 385: 125430(1-11).

[54] Yamane S, Matsuo K. Int J Autom Technol, 2019, 13(6): 796-802.

[55] 郑伟. 临床医学, 2016, 36(5): 67-68.

[56] Wang C, Sun L, Dai X Y, et al. Carbon, 2019, 148: 394-402.

[57] Andreev A F, Lifshitz I M. Phys JETP, 1969, 29: 1107-1113.

[58] Einstein A. Sitzungsber Phys Math Kl, 1924, 10(7): 261-267.

[59] Penrose O, Osager L. Phys Rev, 1956, 104(3): 576-584.

[60] 王青竹. 科学, 1998, 50(3): 51-52.

[61] Anderson M H, Ensher J R, Matthews M R, et al. Science, 1995, 269: 198-201.

[62] Cohen-Tannoudji C, Phillips W D. Phys Today, 1990, 43(10): 33-40.

[63] Lawall J, Kulin S, Saubamea B, et al. Phys Rev Lett, 1995, 75(23): 4194-4197.

[64] Masuhara N, Doyle J M, Sandberg J C, et al. Phys Rev Lett, 1988, 61(8): 935-938.

[65] Ketterle W, Davis K B, Joff'e M A, et al. Phys Rev Lett, 1993, 70(15): 2253-2256.

[66] Davis K B, Mewes M O, Andrews M R, et al. Phys Rev Lett, 1995, 75(22): 3969-3973.

[67] Gericke T, Würtz P, Reitz D, et al. Nat Phys, 2008, 4(12): 949-953.

[68] Mewes M O, Andrews M R, Kurn D M, et al. Phys Rev Lett, 1997, 78(4): 582-585.

[69] Klaers J, Schmitt J, Vewinger F, et al. Nature, 2010, 468(7323): 545-548.

[70] Aikawa K, Frisch A, Mark M, et al. Phys Rev Lett, 2012, 108(21): 210401(1-5).

[71] Walker B T, Flatten L C, Hesten H J, et al. Nat Phys, 2018, 14(12): 1173-1177.

[72] Becker D, Lachmann M D, Seidel S T, et al. Nature, 2018, 562(7727): 391-395.

[73] 上田正仁. 玻色-爱因斯坦凝聚的基础与前沿(英文影印版). 北京: 北京大学出版社, 2014.

[74] 钟萃相. 科技视界, 2018, 28: 14-17.

[75] Kaloper N, Padilla A. Phys Rev Lett, 2014, 112(9): 091304(1-5).

[76] Kaloper N, Padilla A. Phys Rev D, 2014, 90(8): 084023(1-23).

[77] Kaloper N, Padilla A. Phys Rev Lett, 2015, 114(10): 101302(1-5).

[78] 孙长山, 孙剑彪, 王宝财. 物理教师, 1995, 6: 36-37.

[79] Smart A G. Phys Today, 2018, 71(3):16-18.

[80] 张天蓉. 自然杂志, 2016, 38(6): 456-460.

[81] 曲钦岳. 自然杂志, 1979, 8: 51-53.

[82] 刘贝贝. 广州: 暨南大学, 2013.

[83] 刘鹏, 张洁, 支启军, 等. 天文学报, 2018, 59(3): 59-72.

[84] Finn L S. Phys Rev Lett, 1994, 73(14): 1878-1881.

[85] Burrows A, Lattimer J M. Astrophys J, 1986, 307: 178-196.

[86] Lattimer J M, Prakash M. Science, 2004, 304(5670): 536-542.

[87] Potekhin A Y. Phys-Usp, 2010, 53(12): 1235-1256.

[88] Hewish A, Bell S J, Pilkington J D H, et al. Nature, 1968, 217(5130): 709-713.

[89] Manchester R N, Hobbs G B, Teoh A, et al. Astron J, 2005, 129(4): 1993-2006.

[90] 吴庆文. 自然杂志, 2019, 41(3): 157-167.

[91] 徐生年, 袁业飞. 中国科学: 物理学 力学 天文学, 2012, 42(11): 1256-1264.

[92] Shen Z Q, Lo K Y, Liang M C, et al. Nature, 2005, 438(7064): 62-64.

[93] Ghez A M, Salim S, Weinberg N N, et al. Astron J, 2008, 689(2): 1044-1062.

[94] Linde A, Linde D, Mezhlumian A. Phys Rev D, 1994, 49(4): 1783-1826.

[95] Einstein A. Ann Phys-Berlin, 1905, 322(10): 891-921.

[96] Einstein A. Sitzungsber Preuss Akad Wiss, 1915, 47: 831-839.

[97] Schwarzschild K. Gesammelte Werke/Collected Works, 1992: 189-196.

[98] 徐仁新. 天体物理导论. 北京: 北京大学出版社, 2006.

[99] Oppenheimer J R, Volkoff G M. Phys Rev, 1939, 55(4): 374-381.

[100] Kerr R P. Phys Rev Lett, 1963, 11(5): 237-238.

[101] Hawking S W. Nature, 1974, 248(5443): 30-31.

[102] 席特, 鲁同所, 孙敏, 等. 物理与工程, 2020, 30(1): 40-55.

[103] Kormendy J, Richstone D. Annu Rev Astron Astr, 1995, 33(1): 581-624.

[104] Remillard R A, McClintock J E. Ann Rev Astron Astr, 2006, 44: 49-92.

[105] Robinson D C. Phys Rev D, 1974, 10(10): 458-460.

[106] Hawking S W. Commun Math Phys, 1976, 46(2): 206.

[107] Yuan F, Narayan R. Ann Rev Astron Astr, 2014, 52: 529-588.

[108] Akiyama K, Alberdi A, Alef W, et al. Astrophys J Lett, 2019, 875: L1(1-17).

[109] Bundy F P, Hall H T, Strong H M, et al. Nature, 1955, 176(4471): 51-55.

[110] 王华馥, 吴自勤. 固体物理试验方法. 北京: 高等教育出版社, 1990.

[111] 吉林大学固体物理教研室高压合成组. 人造金刚石. 北京: 科学出版社, 1975.

[112] Spain I L, Paauwe J. High Pressure Technology. Volume 1: Equipment Design, Materials, and Properties. New York: Marcel Dekker Inc, 1977.

[113] Jayaraman A. Rev Mod Phys, 1983, 55(1): 65-108.

[114] 经福谦. 实验物态方程导引. 北京: 科学出版社, 1986.

[115] 邓耿, 尉志武. 大学化学, 2015, 30(3): 85-87.

[116] Bundy F P. J Chem Phys, 1963, 38(3): 631-643.

[117] Coes L. Science, 1953, 118(3057): 131-132.

[118] Chao E C T, Fahey J J, Littler J, et al. J Geophys Res, 1962, 67(1): 419-421.

[119] 刘曙娥, 许大鹏, 刘晓梅, 等. 高压物理学报, 2006, 2: 163-171.

[120] 朱孟番, 朱永峰. 高校地质学报, 2007, 3: 581-589.

[121] Zhou Y S, He C R, Song J, et al. Chinese Sci Bull, 2005, 50(5): 446-451.

[122] Gross E S. Science News, 1970, 97(26): 623-625.

[123] Züttel A. Mater Today, 2003, 6(9): 24-33.

[124] Wigner E P, Huntington H B. J Chem Phys, 1935, 3(12): 764-770.

[125] 徐济安, 朱宰万. 物理, 1977, 5: 296-300.

[126] Hemley R J, Mao H K. Phys Rev Lett, 1988, 61(7): 857-860.

[127] Lorenzana H E, Silvera I F, Goettel K A. Phys Rev Lett, 1989, 63(19): 2080-2083.

[128] Mao H K, Hemley R J. Science, 1989, 244: 1462-1465.

[129] 白志国, 郝美丽, 邢文芳. 宁波大学学报(理工版), 2006, 2: 272-275.

[130] Aslleroft N W. Phys Rev Lett, 1968, 21(26): 1748-1749.

[131] 李俊杰, 朱宰万, 金曾孙, 等. 高压物理学报, 2001, 3: 215-220.

[132] 李俊杰, 朱宰万, 崔勇. 延边大学学报(自然科学版), 2002, 1: 21-24.

[133] Rainer D, Bergmann G. J Low Temp Phys, 1974, 14(5-6): 50l-519.

[134] Bergmann G, Rainer D. Zeitschrift für Physik, 1973, 263(1): 59-68.

[135] Demarcus W C. Astron J, 1958, 63: 2-27.

[136] Huang Y W, He Y, Sheng H, et al. Natl Sci Rev, 2019, 6(2): 239-246.

[137] Olijnyk H, Sikka S K, Holzapfel W B. Phys Lett A, 1984, 103(3): 137-140.

[138] Duclos S J, Vohra Y K, Ruoff A L. Phys Rev Lett, 1987, 58(8): 775-777.

[139] Tolbert S H, Herhold A B, Brus L E, et al. Phys Rev Lett, 1996, 76(23): 4384-4387.

[140] Hu J Z, Spain I L. Solid State Commun, 1984, 51(5): 263-266.

[141] Duclos S J, Vohra Y K, Ruoff A L. Phys Rev B, 1990, 41(17): 12021-12028.

[142] Chang K J, Cohen M L. Phy Rev B, 1985, 31(12): 7819-7826.

[143] Wang J T, Chen C, Mizuseki H, et al. Phys Rev Lett, 2013, 110(16): 165503(1-5).

[144] Kasper J S, Richards S M. Acta Cryst, 1964, 17(6): 752-755.

[145] Zhao Q, Zhang Q, To S, et al. J Electron Mater, 2017, 46(3): 1862-1868.

[146] Wentorf R H, Kasper J S. Science, 1963, 139(3552): 338-339.

[147] Zhao Y X, Buehler F, Sites J R, et al. Solid State Commun, 1986, 59(10): 679-682.

[148] Ge D, Domnich V, Gogotsi Y. J Appl Phys, 2004, 96(5): 2725-2731.

[149] Ruffell S, Haberl B, Koenig S, et al. J Appl Phys, 2009, 105(9): 093513(1-8).

[150] Sugimoto T, Aiga N, Otsuki Y, et al. Nat Phys, 2016, 12: 1063-1068.

[151] Bartels-Rausch T, Bergeron V, Cartwright J H E, et al. Rev Mod Phys, 2012, 84(2): 885-944.

[152] Kuhs W F, Lehmann M S. J Phys Chem, 1983, 87(21): 4312-4313.

[153] Hansen T C, Falenty A, Kuhs W F. Spec Publ Royal Soc Chem, 2006, 201: 145-154.

[154] Murray B J, Bertram A K. Phys Chem Chem Phys, 2006, 8(1): 186-192.

[155] Malkin T L, Murray B J, Brukhno A V, et al. Proc Natl Acad Sci USA, 2012, 109(4): 1041-1045.

[156] Kamb B. Acta Cryst, 1964, 17(11): 1437-1449.

[157] Londono J D, Kuhs W F, Finney J L. J Chem Phys, 1993, 98(6): 4878-4888.

[158] Engelhardt H, Kamb B. J Chem Phys, 1981, 75(12): 5887-5899.

[159] Kamb B, Prakash A, Knobler C. Acta Cryst, 1967, 22(5): 706-715.

[160] Kuhs W F, Finney J L, Vettie C, et al. J Chem Phys, 1984, 81(8): 3612-3623.

[161] Jorgensen J D, Worlton T G. J Chem Phys, 1985, 83(1): 329-333.

[162] Besson J M, Pruzan P, Klotz S, et al. Phys Rev B, 1994, 49(18): 12540-12550.

[163] Hemley R J, Jephcoat A P, Mao H K, et al. Nature, 1987, 330(6150): 737-740.

[164] Leadbetter A J, Ward R C, Clark J W, et al. J Chem Phys, 1985, 82(1): 424-428.

[165] Koza M, Schober H, Tölle A, et al. Nature, 1999, 397(6721): 660-661.

[166] Salzmann C G, Kohl I, Loerting T, et al. Can J Phys, 2003, 81(1-2): 25-32.

[167] Salzmann C G, Radaelli P G, Hallbrucker A, et al. Science, 2006, 311(5768): 1758-1761.

[168] Salzmann C G, Radaelli P G, Mayer E, et al. Phys Rev Lett, 2009, 103(10): 105701(1-4).

[169] Falenty A, Hasen T C, Kuhs W F. Nature, 2014, 516(7530): 231-233.

[170] Del Rosso L, Celli M, Ulivi L. Nat Commun, 2016, 7(1): 13394(1-7).

[171] Russo J, Romano F, Tanaka H. Nat Mater, 2014, 13(7): 733-739.

[172] Kosyakov V I, Shestakov V A. Dokl Phys Chem, 2001, 376(4): 49-51.

[173] Conde M M, Vega C, Tribell G A, et al. J Chem Phys, 2009, 131(3): 034510(1-8).

[174] Huang Y, Zhu C, Wang L, et al. Sci Adv, 2016, 2(2): e1501010(1-6).

[175] Huang Y, Zhu C, Wang L, et al. Chem Phys Lett, 2017, 671: 186-191.

[176] McMahon J M. Phys Rev B, 2011, 84(22): 220104(1-4).

[177] Ji M, Umemoto K, Wang C Z, et al. Phys Rev B, 2011, 84(22): 220105(1-4).

[178] Wang Y, Liu H, Lv J, et al. Nat Commun, 2011, 2: 563(1-5).

[179] Militzer B, Wilson H F. Phys Rev Lett, 2010, 105(19): 195701(1-4).

[180] 黄盈盈, 苏艳, 赵纪军. 高压物理学报, 2019, 33(1): 3-18.

[181] Fennell C J, Gezelter J D. J Chem Theory Comput, 2005, 1(4): 662-667.

[182] Chou I M, Sharma A, Burruss R C, et al. Proc Natl Acad Sci USA, 2000, 97(25): 13484-13487.

[183] Vatamanu J, Kusalik P G. J Am Chem Soc, 2006, 128(49): 15588-15589.

[184] Kurnosov A V, Manakov A Y, Komarov V Y, et al. Dokl Phys Chem, 2001, 381(4-6): 303-305.

[185] Jacobson L C, Hujo W, Molinero V. J Phys Chem B, 2009, 113(30): 10298-10307.

[186] 陈雪骅. 国土资源导刊, 2009, 6(10): 35-37.

[187] Makogon Y F. J Nat Gas Sci Eng, 2010, 2(1): 49-59.

[188] 张波, 叶隽彤. 生态经济, 2017, 33(7): 10-13.

[189] Jendi Z M, Rey A D, Servio P. Mol Simulat, 2015, 41(7): 572-579.

第**2**章

物质的常三态

2.1 气　　体

2.1.1　理想气体状态方程

　　理想气体是以实际气体为依据抽象而成的气体模型。它是为了研究方便而忽略气体分子的自身体积,将分子看成是有质量的几何点(也称质点)。分子与分子、分子与器壁之间的碰撞是完全弹性碰撞,无动能损耗。当实际气体压力不大时,分子之间平均距离很大,气体分子本身的体积可以忽略不计,分子间吸引力相比之下也可以忽略不计,实际气体的行为就十分接近理想气体行为,可当作理想气体来处理。在高温和低压下,实际气体接近理想气体,所以这种假定是有意义的,而且与气体种类无关。

　　中学时已经了解关于描述气体的几个物理量之间的经验公式:

　　n、T一定时,气体的体积V与压力p成反比,即玻意耳定律(Boyle's law):

$$V \propto 1/p \tag{2-1}$$

　　n、p一定时,V与T成正比,即盖·吕萨克定律(Gay-Lussac's law):

$$V \propto T \tag{2-2}$$

　　p、T一定时,V与n成正比,即阿伏伽德罗定律(Avogadro's law)[1]:

$$V \propto n \tag{2-3}$$

综合以上三式可得

$$V \propto nT/p \tag{2-4}$$

以R作比例系数,则有

$$V = nRT/p \qquad (2\text{-}5)$$

通常写成

$$pV = nRT \qquad (2\text{-}6)$$

式(2-6)即为理想气体状态方程。在国际单位制中，p 用 Pa(帕斯卡，即 N·m^{-2})、V 用 m^3(立方米)、n 用 mol(摩尔)、T 用 K(开尔文)为单位，此时 R 的值为 8.314 J·mol^{-1}·K^{-1}。

思考题

2-1 p 和 V 取不同单位时，R 的取值情况如何？

例题 2-1

一敞口烧瓶在 280 K 时所盛的气体，需加热到什么温度时，才能使其三分之一逸出？

解　由题知要使三分之一的气体溢出瓶外，即使体积为原来的 1.5 倍，这一过程压力始终保持不变，故有

$$\frac{p_0 V_1}{T_1} = \frac{p_0 V_2}{T_2}$$

所以有

$$T_2 = \frac{T_1 V_2}{V_1} = 280\,K \times 1.5 = 420\,K$$

需加热到 420 K 时，才能使气体三分之一逸出。

玻意耳　　　　　　盖·吕萨克　　　　　　阿伏伽德罗

需要进一步明确的问题有：

(1) 关于盖·吕萨克和查理定律的提法讨论。

盖·吕萨克定律是一个物理学概念，然而，国内外相关物理教材提法往往

查理

不一致[2-13]，有称盖·吕萨克定律的，也有称查理定律的。张学龙经过综合分析[14]，认为美国席尔斯(F. W. Sears)所著《物理学》[15]给出的一段内容是所有史料的共同观点：1802 年法国化学家和物理学家盖·吕萨克(J. L. Gay-Lussac，1778—1850)发表了第一个精确的报告，阐述气体的体积变化和温度变化二者间的联系定律。对于此问题，在盖·吕萨克之前，曾有许多学者研究，他们中间以法国物理学家查理(J. A. C. Charles，1746—1823)最有声望，所以当提到此定律时，查理的名字常和盖·吕萨克一同提出。20 世纪 50 年代的苏联教材阿尔柴贝谢夫所著《物理学教程》[16]也有类似的陈述。据此，为不致引起混淆，阿尔柴贝谢夫建议把一定量理想气体的等压变化和等容变化规律统称为查理-盖·吕萨克定律。

(2) 关于理想气体状态方程。

理想气体的定义和推导一直以来有争议。总体来说有以下几点值得注意：① 科学的定义是"严格遵守理想气体状态方程 $pV = nRT$ 的气体就是理想气体" [17-21]。② 理想气体状态方程可有不同的推导方法。第一，推导理想气体状态方程最基本的方法是应用三个气体定律中的任意两个定律和阿伏伽德罗定律[22]。第二，从分子运动论、热力学和统计物理等方面给出理想气体状态方程[23]。第三，理想气体状态方程可有不同形式，便于解题使用。第四，理想气体状态方程的应用越来越广泛[24]。例如，研究大气压随海拔高度的变化而变化的状态，研究高山病的低气压生理效应和血红蛋白的氧离解曲线(高山病和高空缺氧症的产生原因)；将理想气体状态方程用于塑料密度的测定[25]，用于计算金属化炸药的爆炸参数研究[26]。

(3) 物理学界对理想气体状态方程的定义。

目前物理学界普遍接受的理想气体的概念可表述为：没有相互作用的 N 个粒子构成的多体系统[19]。按照这个定义，物理学把理想气体的概念大大扩展了：① 理想气体的构成是粒子。这里指的粒子可以是分子、原子，也可以是电子如金属内的电子，甚至可以是光子(辐射场)、声子，只要粒子之间相互作用可忽略。② 所谓没有相互作用，其含义是相互作用可以忽略。实际粒子间一定有相互作用，只是相互作用很小，可以忽略，因此有时称为近理想气体。③ 称为多体系统而不是气体，是因为当粒子密度很大，大到像液体的密度，只要粒子间相互作用可忽略，也可称为理想气体或近理想气体。例如，金属内的电子，电子的数密度与固体中原子的数密度同数量级，而液体 ^{4}He 的氦原子数密度就是液体的原子数密度，它们都被称为近理想气体。物理学家认为，把理想气体的概念扩展是因为可以用同一种理论方法去研究各种不同的物理问题。例如，研究金属中电子这个多体系统，把 N 个电子视作近理想气体；研究固体比热，把 N 个声子系统视作理想气体；研究液体 ^4He 和液体 ^3He，把它们视作近理想气体；研究黑体辐射，把多光子系统视作理想气体；等等。这会使问题简单得多。一个有趣的例子是 1971 年研究者用理想气体状态方程计算金属化炸药的爆炸参数[27]，计算出了炸药和金属混合物的爆炸参数[28-29]。

思考题

2-2　查阅资料，认识什么是"量子理想气体"，其与经典理想气体的区别是什么?

历史事件回顾

2　阿伏伽德罗定律的发展

　　完全基于精确和固定的基本常数修订国际单位制新定义的提议已经酝酿了多年(如将摩尔定义在基本物理常数上的提议最早出现在 1995 年[30]，2009 年该提议得到进一步阐述和确认[31])，但是直到 2011 年第 24 届国际计量大会(General Conference of Weights and Measures，CGPM)才正式接收了该提议[32]。2017 年第 106 届国际计量委员会(International Committee of Weights and Measures，CIPM)建议了 SI 的修订定义[33]。2018 年 11 月 16 日，第 26 届国际计量大会经包括中国在内的各成员方表决，全票通过了关于"修订国际单位制(SI)"的 1 号决议[34]。根据决议，千克、安培、开尔文和摩尔 4 个 SI 基本单位的定义将改由常数定义，于 2019 年 5 月 20 日起正式生效。显然，这是国际测量体系有史以来第一次全部采用自然恒量的新国际单位制，可保证 SI 的长期稳定性和环宇通用性。就像 1967 年秒定义的修订使人们在今天拥有了 GPS 和互联网技术一样，新 SI 将在未来对科学、技术、贸易、健康、环境及更多领域产生深远影响。可以说，SI 的修订是科学进步的一座里程碑。

　　依据 SI 修订期间一些重要的参考文献[35-37]，本专题将从考察摩尔新定义和准确测量阿伏伽德罗常量的艰难历程出发，从另一个角度展现采用自然恒量为新国际单位制的必要和意义。

一、从阿伏伽德罗定律谈起

1. 阿伏伽德罗定律的建立

中学起就知道阿伏伽德罗定律是重要的气体定律之一。阿伏伽德罗(A. Avogadro，1776—1856)时代是物理学界探讨气体本质的时代，法国物理学家盖·吕萨克观察到：当气体反应时，反应气体与生成气体的体积成简单整数比，后称盖·吕萨克定律。1811 年，为了解释原子的反应，阿伏伽德罗从盖·吕萨克的结论继续往前推演，提出了"在相同的温度和压力下，相同体积的任何气体都含有相同数目的分子"的假设，就是阿伏伽德罗定律[38]，俗称四同定律。该假设明确了分子的概念，提供了单个原子或分子性质与宏观物质特性的联系，并与道尔顿(J. Dalton, 1766—1844)的原子理论[39]形成了解释物质微观构成的原子-分子学说。应该说阿伏伽德罗提出了一个对近代科学有深远影响的假说，然而，他的研究最初发表时并没有引起科学界的注意，一是人们以此对某些有气体产生的反应并未完全理解，二是他并未努力向当时为世界化学中心的法国和德国的科学家解释和宣传他的概念，致使这一假说几乎被遗忘[40]。直到大约 50 年后的1860 年，在德国工业城市卡尔斯鲁厄(Karlsruhe)的博物馆大厅召开的第一次国际化学科学会议上[41]，阿伏伽德罗的同胞化学家坎尼扎罗(S. Cannizzaro，1826—1910)在顶尖的欧洲科学家面前为阿伏伽德罗做辩护，阿伏伽德罗定律的正确性才终于被认可，可惜的是这时阿伏伽德罗已去世 4 年了。对于坎尼扎罗会上的发言，事后时年仅 26 岁的门捷列夫(D. I. Mendeleyev，1834—1907)说："他的生动讲演受到普遍赞扬，多数人站在坎尼扎罗一边。"[42]一个理论的提出往往是先以假设提出，然后经理论推导或实验证明，能够说明的事实越来越多，最后也就得到权威认可而成为理论。例如，鲍林提出的杂化轨道理论就是这样形成的[43]。

道尔顿

坎尼扎罗

门捷列夫

2. 阿伏伽德罗常量——庞大而神秘的数字

1) 阿伏伽德罗常量从何而来

1865 年，奥地利化学家洛施密特(J. J. Loschmidt，1821—1895)成功地测定出标准状况下 1 cm³ 气体中所含有的分子数大约为 2.7×10^{19} 个，这是阿伏伽德罗常量的最早值，又称洛施密特常量[44]。随后，1909 年法国物理化学家佩兰(J. B. Perrin，1870—1942)提出，1 g 物质中所含有的粒子数是一个常量 N。为了纪念阿伏伽德罗，他建议将这个常量命名为阿伏伽德罗常量。在 1909 年和 1911 年的著作中，他再次强调了这一建议[45]，并首次通过实验测得阿伏伽德罗常量的值为 6.7×10^{23}[46]。

2) 从阿伏伽德罗定律到阿伏伽德罗常量

2015 年，中国学者龙琪对阿伏伽德罗常量的概念及其发展史研究后归纳出以下几点[47]：① 阿伏伽德罗常量不仅是一个数值，而是自然科学中十分重要的基本物理常量，它起到建立宏观世界与微观世界数量关系的桥梁作用。许多基本物理常量要通过阿伏伽德罗常量建立联系，例如，法拉第常量 F 与基本电荷 e 之间的关系为 $F = N_A e$，摩尔气体常量 R 与玻耳兹曼常量 k 之间的关系为 $R = N_A k$。② 阿伏伽德罗常量的数值可以通过实验测定。一般采用其近似值 6.02×10^{23}，它所对应的准确值并不是阿伏伽德罗常量，而是阿伏伽德罗常量的数值。③ 阿伏伽德罗常量是有单位的，按旧 SI 是 mol^{-1}。④ 在 2019 年 5 月 20 日之前的 SI 中，阿伏伽德罗常量的数值与 0.012 kg ¹²C 中所含的碳原子数相同，符号为 N_A。其数学表达式为

$$N_A 的数值 = \frac{0.012 \ kg \ ^{12}C的质量}{1个 \ ^{12}C原子的质量} = \frac{1 \ g}{1.66 \times 10^{-24} \ g} = 6.02 \times 10^{23} \tag{2-7}$$

随着新 SI 的实行，阿伏伽德罗常量的定义也将扩充，它的数值也将更为准确。随着科学技术向微观领域的扩展，阿伏伽德罗常量越来越显示出它的重要性，其数值的精确度与人类探索微观世界的前进步伐紧密相关。

3. 阿伏伽德罗常量与物质的量和摩尔的关联

化学反应的定量处理可以追溯到 1792 年，当时德国数学家兼化学家里希特 (J. B. Richter，1762—1807)引入了化学计量学的原理[48]，将化学反应或化学反应过程解释为原子和分子之间的联系，奠定了今天的摩尔和阿伏伽德罗常量的概念的基础，包括道尔顿 "元素的原子彼此之间并无差异，它们必须具有一定的原子质量和体积" 的概念和阿伏伽德罗定律[49]。摩尔概念的出现主要归功于德国物理化学家奥斯特瓦尔德(W. Ostwald，1853—1932)。他在 1893 年的《物理化

学测量性能手册和辅助书》中写道："将以克为单位的质量在数值上与指定物质的分子量相同，称为 1 摩尔……"[50]。应用这个定义，摩尔与质量的关系更密切，因此很长一段时间内被解释为"化学质量单位"。

在 20 世纪初，人们常将某种物质的数量描述为某种数量或质量的类似概念，两者并行使用。摩尔的一种前体概念为克分子[51]。克分子既表示了数量，又表示了单位。1905 年，爱因斯坦在他的研究工作中涉及了关于阿伏伽德罗常量的量[52]。佩兰在 1909 年考察布朗运动原理时推导出了第一个阿伏伽德罗常量数值[53]。

在对原子理论进行了实验证实和对阿伏伽德罗常量进行测定之后，科学界对摩尔形成了两种不同的认知。德国化学家斯蒂尔(U. Stille，1910—1976)第一次使用一个概念中的两个含义来处理摩尔一词[54]：一方面摩尔被当作化学质量单位，将原子量 A_r 与单位克联系起来，$1\,mol \approx A_r\,g$；另一方面，摩尔被视为摩尔数，符号为 n，是粒子数，量纲为 1。根据斯蒂尔的说法，"物质量"的概念来源于德国的"stoffmenge"概念。后来，谷根海姆(E. A. Guggenheim)又推广了物质量的概念[55]。

摩尔在 1971 年的第 14 届国际计量大会上被纳入 SI 单位系统，不同认知的矛盾终于得到了解决。因此，在正式确定"物质的数量"(符号 n)为第七个基本量，"摩尔"为单位时，就可以顺利引入阿伏伽德罗常量 N_A 了。

二、摩尔的定义追溯

1. 摩尔纳入国际单位制

1) 从米制的修订看国际单位制修订

国际单位制源自公制或米制，旧称万国公制，是世界上最普遍采用的标准度量衡单位系统。在 1960 年第 11 届国际计量大会上被正式命名为国际单位制，推荐各国采用，其国际简称为 SI。

该度量衡系统存在统一度量的起点——米，并用此定义了长度、体积和质量。米的定义来自于一个自然恒量——通过巴黎的地球子午线从北极到赤道距离的一千万分之一；体积和质量的单位由此推导出来，升的定义为 0.001 m³，千克的定义是 1 L 蒸馏水在 4℃时的质量。

1875 年，法、德、美、俄等 17 国在巴黎签署《米制公约》，并成立了三个国际组织：国际计量大会(CGPM)、国际计量委员会(CIPM)和国际计量局(BIPM，又称米制公约委员会)[56]，它们的官方职能是维护 SI 单位制。米制的主要优点是：

单位的选取有可靠标准、各基本单位间有密切联系、采取十进位制、使用方便。我国于 1959 年 6 月确定米制为我国的基本计量制度。

1889 年第 1 届国际计量大会通过了国际米原器(铂铱米尺)的长度为 1 m,1927年第 7 届国际计量大会又对米做了如下严格的规定:国际计量局保存的铂铱米尺上所刻两条中间刻线的轴线在 0℃时的距离。铂铱米尺是一根横截面近似为 H 形的尺子,在其中间横肋的两端各刻有 3 条与尺子纵向垂直的线纹,中间刻线是指3 条线纹的中间线。铂铱米尺保存在 1 atm 下,放在对称地置于同一水平面上并相距 571 mm 的两个特定的圆柱上(图 2-1)。

图 2-1　国际米原器

上述米的定义有不确定度,约为 1×10^{-7}。由于科学技术的发展,米的精度已不能满足计量学和其他精密测量的需要。在 20 世纪 50 年代,随着同位素光谱光源的发展,人们发现了宽度很窄的氪-86(Kr-86)同位素谱线,加上干涉技术的进步,人们终于找到了一种不易毁坏的自然基准,这就是以光波波长作为长度单位的自然基准。于是,1960 年第 11 届国际计量大会对米的定义更改如下:米的长度等于Kr-86 原子的 $2p^{10}$ 和 $5d^5$ 能级之间跃迁所对应辐射在真空中波长的 1650763.73 倍。这样米的不确定度达到 4×10^{-9}。米的定义更改后,国际米原器仍按原规定的条件保存在国际计量局。

由于饱和吸收稳定的激光具有很高的频率稳定度和复现性,同 Kr-86 的波长相比,它们的波长更易复现,精度也可能进一步提高。因此,在 1973 年和 1979年两次米定义咨询委员会会议上,先后推荐了 4 种稳定激光的波长值,与 Kr-86

的波长并列使用，具有同等的准确度。

1973 年后，人们精确测量了从红外波段直至可见光波段的各种谱线的频率值。根据甲烷谱线的频率 ν 和波长值 λ，得到了真空中的光速值 $c=\lambda\nu=299792458\,\mathrm{m\cdot s^{-1}}$。光速值是非常精确的，因此人们决定通过光速值定义米，而长度(或波长)的定义则由时间 t(或频率 ν)通过公式 $l=ct$ (或 $\lambda=c/\nu$)导出。1983 年 10 月第 17 届国际计量大会正式通过了米的新定义：光在真空中于 1/299792458 s 内行进的距离。

其他 SI 单位的修正文献报道很多，这里不再赘述。

2) 摩尔的定义

物质的量单位摩尔与原子量有密切关系。首先是物理界和化学界在原子量标准上的统一。1959～1960 年，国际纯粹与应用物理学联合会(IUPAP)和国际纯粹与应用化学联合会(IUPAC)取得一致意见，1961 年，IUPAC 正式通过新标准，决定改用碳同位素 ^{12}C 作为标准，把它的原子量定为 12，并以此为出发点，发布了新的国际原子量表。同位素 ^{12}C 在 1971 年被用于国际单位制摩尔的定义中。其次是国际标准化组织(International Organization for Standardization，ISO)提出了相应的要求和建议，必须选择同位素 ^{12}C 作为参考，并将摩尔纳入 SI[57]。余下的问题是通过确定 ^{12}C 的相应质量以定义物质的量的单位。1971 年，国际计量大会正式将摩尔列为国际单位制基本单位之一，定义为[58-59]：“摩尔是一个系统的物质的量，它包含的基本单元数与 0.012 kg ^{12}C 中的原子数相等。使用摩尔时，必须指明基本单元，可以是原子、分子、离子、电子、其他粒子或粒子的特定组合”。1974 年，根据科学测定，0.012 kg ^{12}C 所含的 C 原子数约为 6.0220943×10²³，将该值用符号 N_A 表示，称为阿伏伽德罗常量。

元素及其同位素的原子质量定期更新的值可在 IUPAC 的会刊中找到[60-62]。

2. 新国际单位制中的摩尔新定义

1) 新国际单位制改革的主要内容

新国际单位制的制定是自 1960 年以来最重大的变革。这项变革包括重新定义千克(kilogram)、开尔文(Kelvin)、安培(ampere)和摩尔(mole)，其中最重要的是千克的重新定义。而从另一个角度讲，准确测定阿伏伽德罗常量又是实现质量单位千克新定义的有效途径。阿伏伽德罗常量是利用实验测定的宏观量导出微观量时的桥梁。新旧 SI 中基本量的定义对照见表 2-1 和图 2-2。

表 2-1　新旧 SI 中基本单位的定义对照

基本量	基本单位	旧 SI	新 SI	转变的内容
质量	千克(kg)	1 kg 精确等于国际千克原器的质量	千克是对应于普朗克常量固定值为 h=6.62607015×10^{-34} kg·m^2·s^{-1}(单位：1 J·s= 1 kg·m^2·s^{-1}) 时的质量单位，其中米和秒分别用 c 和 $\Delta\nu$ 定义	千克用普朗克常量定义，而不是用金属柱体的质量定义
电流	安培(A)	置于真空中的两个无限长导体平行摆放，间距为 1 m，其圆截面积可以忽略不计，当通过相同恒定电流，在两个导体之间每米长度受力为 2×10^{-7} N 时，导线中电流强度为 1 A	安培是用基本电荷 e=1.602176634×10^{-19} C 所定义的，C 等价 A·s，其中秒用 $\Delta\nu$ 定义	安培的新定义是每秒有多少基本电荷通过，而旧定义是基于一个想象中又无法实现的实验所定义，涉及电流在两个无限长平行线中流动
物质的量	摩尔(mol)	某系统的物质的量，其包含的基本单元数等于 0.012 kg 碳-12 包含的原子数，基本单元可以是原子、分子、离子、电子、其他任意粒子或者粒子的特定组合	1 mol 精确包含 6.02214076×10^{23} 个基本单元。这个数值是阿伏伽德罗常数，单位为 mol^{-1}	摩尔的新定义是以某个确定的原子或者分子个数定义的，而不是直接与测量某个样品的质量相联系
热力学温度	开尔文(K)	开尔文是热力学温度单位，定义为水三相点热力学温度的 1/273.16	开尔文是对应于玻耳兹曼常量固定值为 k=1.380649×10^{-23} 时的热力学温度，单位为 J·K^{-1}，等价于 kg·m^2·s^{-1}·K^{-1}，其中千克、米和秒分别用 h、c 和 $\Delta\nu$ 定义	开尔文的新定义是通过联系热力学温度和能量的玻耳兹曼常量定义的，而旧定义涉及水的液-固-气三相点

由表 2-1 可以看出，基本单位摩尔的新定义是由严格的 N_A 的值决定的。自然常量不会改变，要得到严格的值，考验的是测量技术的发展和人们对世界认知水平的提升。

2) 从摩尔新定义到阿伏伽德罗常量的准确测定

1 mol 精确包含 6.02214076×10^{23} 个基本单元。摩尔的上述定义已经包括了阿伏伽德罗常量 N_A=6.02214076×10^{23} mol^{-1} 的固定值，这就是国际科学技术数据委员会(Committee on Data for Science and Technology，CODATA)的基本常数工作组(Task Group on Fundamental Constants，TGFC)使用特殊的最小二乘法在 2017 年发布的摩尔新定义[63]，新定义 N_A 是固定的，不再有不确定度。1 mol 可以表

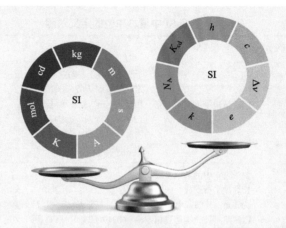

图 2-2　现行 SI 的 7 个基本单位(左)和新 SI 定义采用的自然常量(右)

示为

$$1 \, \text{mol} = \left(\frac{6.02214076 \times 10^{23}}{N_A} \right) \tag{2-16}$$

　　拟议的新定义不会影响或改变原子量，但原子和摩尔质量常数将具有极小的不确定度。因此，对实践应用几乎没有或只有非常小的影响。

　　为了达到这个目的，已经使用了一个多世纪的阿伏伽德罗常量必须重新确定。通过 X 射线晶体密度(X-ray crystal density，XRCD)法也称 Avogadro 实验或硅路线进行测定和计算。因为最初是通过计算质量为 1 kg 的单晶硅球中的原子数重新定义千克的(图 2-3)[40,45]，摩尔与千克的定义之间的关系也就被打破，摩尔的新定

图 2-3　用于实现摩尔的硅球的照片

左边：与 1 mol 硅原子质量相同的"摩尔"球；

右边：用 X 射线晶体密度法测定 N_A 值时，^{28}Si 高度富集的 Avogadro 球体，其质量为 1 kg

义不再通过质量单位千克实现，而是直接与阿伏伽德罗常量关联，实现了用自然常数定义基本单位，从而巩固了摩尔作为基本单位的重要性。无论是在地球的任何角落，针对某个特定物质所获得的物质的量将完全一致，而这也正是计量所追求的准确性和客观通用性。

如此更容易理解修改 SI 标准的主要目的，使用稳定不变的物理常量对基本单位进行标准化定义，能够使基本单位在任何时间和任何地点保持一致[64-67]。用移动线圈测定普朗克常量 h 的功率平衡实验[68-75]，用 X 射线晶体密度法测定和计算阿伏伽德罗常量 N_A 的实验，实现 N_A 的相对不确定度达到 10^{-8} 级，这些测定技术的实现成为修订定义的先决条件[76-82]。

三、阿伏伽德罗常量的准确测定

1. 阿伏伽德罗常量 N_A 的测定及测定不确定度的研究进展

阿伏伽德罗常量的测定工作大体可分为三个阶段：① 最早在 17～18 世纪就已经开始。科学家们建立了气体法、黑体辐射法、布朗运动法、放射性计数法等测量方法，其中单分子膜法、电解法和量气法三种方法被化学教学借鉴应用。② 20 世纪 40～50 年代，晶体密度法的出现极大地提高了阿伏伽德罗常量的测定准确性，当时测量对象是方解石。③ 20 世纪 70 年代，测量对象由方解石改为单晶硅[81, 83-87]，这得益于单晶硅生长技术的实现。然而，由于最初测定使用的是天然单晶硅同位素，其摩尔质量测量的不确定度只能达到 1.3×10^{-7}，与预期的 1×10^{-8} 相差近一个数量级，因此测得的阿伏伽德罗常量的不确定度只有 1.3×10^{-7}，无法满足重新定义的要求[88-89]。为此，由几个国家计量院联合成立的国际阿伏伽德罗协作组织(International Avogadro Collaboration，IAC)决定改用浓缩硅-28 重新加工硅球，测定水平得到了极大提升，测得的结果为 $6.02214076(12) \times 10^{23}$，其相对不确定度小于 $2 \times 10^{-8[90]}$，满足了重新定义的要求，确保了重新定义前后量值的一致性[91]。

图 2-4 描述了在过去一个半世纪中，N_A 测量不确定度的发展和相关测量不确定度的改进[45]。阿伏伽德罗常量将微观和宏观尺度以及统计力学与热力学原理联系起来了。从图 2-4 可以看出，不同的作者和研究机构将相对不确定度从 100% 降到 10^{-8}。虚线显示的是 N_A 的最终值。

2. 准确测定阿伏伽德罗常量的原理

采用 X 射线晶体密度法确定阿伏伽德罗常量 N_A[92]：

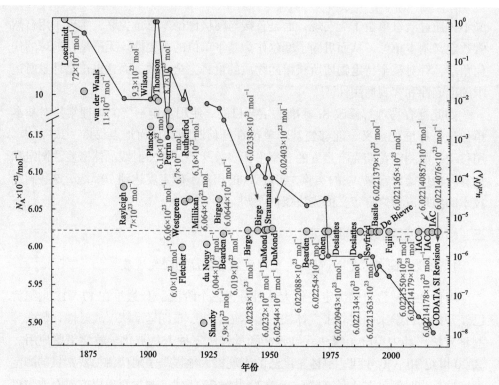

图 2-4 N_A 测量不确定度的发展和改进

$$N_A = \frac{M_r / \rho}{V_0 / n} \tag{2-17}$$

式中，M_r 为硅的摩尔质量；ρ 为硅的宏观密度；V_0 和 n 分别为晶胞体积和晶胞粒子数。

由式(2-17)可以看出，采用晶体密度法测定阿伏伽德罗常量的原理并不难。对于高纯度的单晶硅球而言，其物质的量可以用式(2-18)计算：

$$n = \frac{m}{M_r} \tag{2-18}$$

式中，m 为硅球的质量，kg；M_r 为硅的摩尔质量，kg·mol^{-1}。

对于结构完美的硅球(图 2-5)而言，其中所含原子个数可以用式(2-19)计算：

$$N = \frac{8V_S}{a^3} \tag{2-19}$$

式中，N 为硅球中所含硅原子个数；V_S 为硅球体积，m^3；8 为每个晶胞中所含硅原子个数；a 为晶格常数，m。

图 2-5　硅晶格排列示意图

由式(2-18)和式(2-19)即可得到阿伏伽德罗常量 N_A，如式(2-20)和式(2-21)所示：

$$n = \frac{N}{N_A} \tag{2-20}$$

$$N_A = \frac{8M_r V_S}{ma^3} \tag{2-21}$$

式(2-21)可显示出宏观与微观单位间的关系。

由上可知，只要对所用单晶硅的摩尔质量、硅球体积、硅球质量和晶格常数进行准确测量，就可以实现阿伏伽德罗常量的准确测定。需要指出的是，为了保持重新定义后量值的一致性，阿伏伽德罗常量的相对不确定度应小于 2×10^{-8}[90]。IAC 对各个参数的不确定度给出了具体要求[93](表 2-2)。

表 2-2　N_A 测量中当前测量能力与预期目标对比

测量的量	相对不确定度	
	目前	预期
摩尔质量	2.0×10^{-8}	1.0×10^{-8}
晶格体积	1.8×10^{-8}	1.0×10^{-8}

测量的量	相对不确定度	
	目前	预期
硅球体积	3.0×10^{-8}	1.0×10^{-8}
硅球质量	0.5×10^{-8}	0.5×10^{-8}
硅球表面积	1.0×10^{-8}	0.5×10^{-8}
材料完备性	2.0×10^{-8}	1.0×10^{-8}
阿伏伽德罗常量	4.6×10^{-8}	2.1×10^{-8}

四、阿伏伽德罗常量准确测定的进展与突破

1. 单晶硅球的制备

1) 为什么选用单晶硅材料

为什么在 X 射线晶体密度法中硅是用来计数原子的材料？首先是 X 射线晶体密度法中硅材料要求不含杂质、晶体完美、理想，必须考虑杂质含量、非杂质点缺陷、位错和微观空洞等因素的影响。要从这样的晶体上切下至少两个球，需要质量约为 6 kg 的大晶体，因此必须有良好的可靠的晶体生长程序，单晶硅就符合这种要求。得益于半导体领域需求的不断增加和研究水平的不断提高，可以生产出大的高纯度单晶硅[94]。

2) 单晶硅材料的制备

IAC 决定改用浓缩硅-28 作为原料加工硅球。结构完美的浓缩硅-28 硅球的加工并不容易[95-98]。具体生产步骤见图 2-6。多晶硅原料(AVO28，Si28-10Pr11)被送往位于柏林的莱布尼茨晶体生长研究所(Leibniz Institute for Crystal Growth，LICG)，通过单晶硅生长的方法获得具有很高纯度、浓缩程度在 99.9%以上的单晶硅-28[99][图 2-7(a)]。

科学家发现天然同位素的硅制品并不能达到要求。硅有三种同位素，为保证硅制品获得更高的浓缩纯度，必须进行严格的计算。德国联邦物理技术研究院(Physikalisch-Technische Bundesanstalt，PTB)在 2012 年启动了一个名为"kg-2"的项目，目的是生产另外两个单晶硅-28 锭，两者都像"AVO28"晶体一样，在硅-28 中进行了更高的浓缩，以获得另外四个能保证准确质量的硅球[100-101]。

SiF$_4$的生成　　　Si(天然同位素)+2F$_2$ ⟶ SiF$_4$(天然同位素)

⇓

SiF$_4$的富集　　　SiF$_4$(天然同位素) ⟶ ^{28}SiF$_4$(>99.99%)

⇓

硅烷/纯化　　　^{28}SiF$_4$+2CaH$_2$ ⟶ ^{28}SiH$_4$+2CaF$_2$

⇓

化学气相沉积　　　^{28}SiH$_4$ ⟶ ^{28}Si(多晶)+2H$_2$

⇓

FZ单晶生长　　　^{28}Si(多晶) ⟶ ^{28}Si(单晶)

图 2-6　单晶硅-28 生产步骤

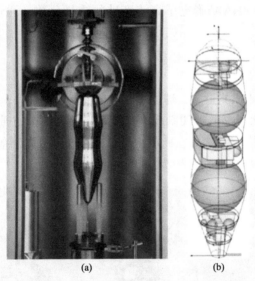

(a)　　　　　　　　(b)

图 2-7　悬浮区熔法制备的单晶硅-28(a)和切割计划示意(b)

由于"kg-2"项目取得了有希望的成果，2015 年 PTB 又启动了一个名为"kg-3"的后续项目，目的是再生产三个单晶硅-28 锭，最后再生产 6 个球体。在"kg-3"项目完成后，将有 12 个高度富集硅-28 的球体应用于 X 射线晶体密度法。

3) 单晶硅强化富集和 ^{28}Si 测定的突破

从不同丰度天然硅组成的单晶到高度富集 ^{28}Si 单晶的研制过程是复杂而艰难的。由中国、德国、日本、意大利、美国、加拿大等 8 个国家的科学家组成的团队取得了突破。

使用电感耦合等离子体(inductively coupled plasma，ICP)源测量的同位素比率总是存在偏差[102]，因为 ^{28}Si 同位素的富集率几乎为 100%，还必须测量另外两个同位素 ^{29}Si 和 ^{30}Si 的组成，才能得到准确的摩尔质量 M_r 的值，于是他们采用同位素稀释质谱法(isotope dilution mass spectrometry，IDMS)解决了这一问题[103-107]。同时，Rienitz 等提出了一种测定高度富集单晶硅的摩尔质量且不确定度降低的新方法[108-109]。这为国际审计准则最终用 N_A 的不确定度小于 $2×10^{-8}$ 确定 N_A 铺平了道路。另外一项要求是，每个数量应由不同的机构进行测量，以便交叉检验数值的有效性和准确性，相关不确定度也必须独立检查。详细的实验过程和结果都在文献中给予了描述[96, 110-111]。

在接下来的几年里，德国联邦物理技术研究院详细描述了实验细节[112-114]，实验技术和方法都有了很大的改进[115-116]。摩尔质量结果的准确性通过完全不同但互相补充的实验方法得到了证实：通过仪器中子活化分析(instrumental neutron activation analysis，INAA)确定了高浓度硅的质量分数，通过辉光放电质谱法(glow discharge mass spectrometry，GDMS)测定了三种稳定硅同位素各自的质量分数[117-118]。

4) 单晶硅球体的加工

在三维物体的体积测量中，球体的测量精度能达到最高，因此球状是实验的最佳形状。合格的大单晶硅被切割成单晶硅球体[图 2-7(b)]，通过研磨抛光清除硅球表面的金属污染物(图 2-8)。在此项工作中，为了便于与千克原器进行比较，球体的质量要尽量接近 1 kg(直径约为 93.6 mm)。

图 2-8 ^{28}Si 单晶硅球的切割和抛光

此外，为了确保所获得的 1 kg 质量的不确定度，必须要求硅球的直径加工精度在 1 nm 范围内。要达到这样的加工精度，对硅球研磨技术以及圆度和粗糙度控制的要求都十分高[119]。目前硅球加工水平最高的实验室是澳大利亚联邦科学与工业研究组织(Commonwealth Scientific and Industrial Research Organisation，CSIRO)的精密光学中心[120-124]，在各个方向测量直径的差异达 $5×10^{-4}$ 量级。通过精密测量硅球的质量和利用激光干涉方法测量平均直径就能得到硅球密度的准确值，不

确定度达 10^{-8} 量级。这意味着由球面度误差引起的体积不确定度小于 1×10^{-12}。

2. 单晶硅摩尔质量的测量

单晶硅的摩尔质量可用下式计算[37]：

$$M_r(\mathrm{Si}) = f_{28}M_r(^{28}\mathrm{Si}) + f_{29}M_r(^{29}\mathrm{Si}) + f_{30}M_r(^{30}\mathrm{Si}) \tag{2-22}$$

式中，$f_i(i = 28，29，30)$ 为硅的三种同位素($^{28}\mathrm{Si}$、$^{29}\mathrm{Si}$、$^{30}\mathrm{Si}$)的丰度比。

图 2-9 显示了用于 X 射线晶体密度法的浓缩硅摩尔质量相对不确定度的演化。随着 $^{28}\mathrm{Si}$ 同位素富集的增加，相对不确定度逐渐降低。为便于比较，图 2-9 同时列出了具有天然同位素成分的硅样品的摩尔质量相对不确定度。在参与 X 射线晶体密度法研究的各种组织和机构的不断努力下，硅晶的强化富集和测定 M 值的实验方法得以不断改进，硅摩尔质量相对不确定度 $u_{\mathrm{rel}}(M)$ 被降低了近三个数量级。

迄今，$^{28}\mathrm{Si}$ 中的最高富集度：$X(^{28}\mathrm{Si}) = 0.999993053(21)$。表 2-3 为硅的三种同位素在 SI 修订之前和之后的摩尔质量。

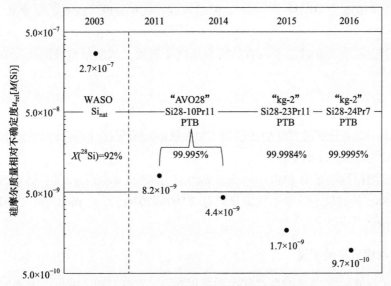

图 2-9　用于 X 射线晶体密度法的浓缩硅摩尔质量相对不确定度的演化

表 2-3　硅同位素在 SI 修订之前和之后的摩尔质量

$^i\mathrm{Si}$	$M_r(^i\mathrm{Si})/(\mathrm{g \cdot mol^{-1}})$	
	修订前	修订后
$i=28$	27.9769265350(05)	27.976926535(13)
$i=29$	28.9764946653(06)	28.976494665(13)
$i=30$	29.973770137(23)	29.973770137(30)

根据德国联邦物理技术研究院(Physikalisch-Technische Bundesanstalt，PTB)、日本国家计量研究所(National Metrology Institute of Japan，NMIJ)、美国国家标准与技术研究所(National Institute of Standards and Technology，NIST)等团队的 24 个测量结果综合计算，AVO28Si 的摩尔质量为 27.97697009(15) g·mol^{-1}，其相对不确定度为 5.4×10^{-9} [125]。

3. 单晶胞内原子数的测定

理想的单晶晶胞由 8 个原子组成(图 2-5)，即单晶胞内原子数 $n=8$。但在硅晶体的生长过程中会受其他原子的影响，从而影响 n 的数值。目前生长的硅晶体有点阵缺陷，n 不再是一个自然数，而应由下式计算：

$$n = N_0 + \delta \tag{2-23}$$

式中，$N_0=8$；δ 为缺陷的修正值，约为 10^{-7} 量级[126]。杂质原子主要是碳、氧和氮，但所占比例极小。纯度通过光学方法测量，如荧光法和红外光谱法[126-127]。经验证，硅的灵敏度为 10^{12} 原子·cm^{-3}，但验证碳、氧和氮原子的灵敏度要低 2~3 个量级。

由于点缺陷，在硅原子占有的所有规则位置处，球质量与被测质量值之间的差值为

$$m(欠缺) = V \sum_i (m_{28} - m_i) N_i \tag{2-24}$$

式中，m_{28} 和 m_i 分别是 ^{28}Si 原子和第 i 个点缺陷的质量(空位质量为零)；V 为球的体积；N_i 为点缺陷 i 的浓度。

经检测得到的带有 PWL(physical suction attached water layer)的 AVO28-S5c 和 AVO28-S8c 的硅核心的摩尔质量分别为 27.97697026(22) g·mol^{-1} 和 27.97697029(23) g·mol^{-1} [125]。

4. 硅球密度的测量

硅球密度 ρ 的准确测量是能否准确得到 N_A 的难点和关键点。准确度主要取决于对单晶硅球直径的准确测量[128-129]。硅球密度采用 X 射线晶体密度法[130]。X 射线干涉仪以 X 射线作为光源，其干涉光路如图 2-10 右下方所示，从 X 射线源射出的 X 射线通过 X 射线干涉仪右侧的第一晶片，并在第一晶片上分离后，经第二晶片重新合成，在分析器的第三晶片上汇合。X 射线干涉仪的第三晶片是移动晶片，它每移动一个晶格间距，X 射线干涉仪就计一个数，因此利用晶片移动的距离可计量晶格间距的数目。图中上方红线代表氦氖激光器发出的红光，将移动

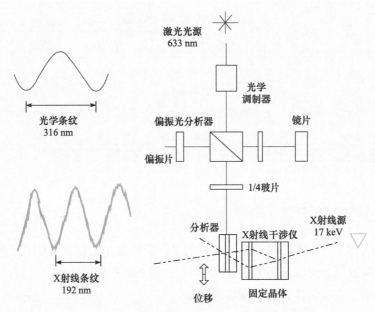

图 2-10　X 射线与激光联合干涉仪的测量原理图

晶片粘贴在 F-P 干涉仪的一个镜面上(F-P 干涉仪在红光的垂直位置上，图中未画出)，同时用激光干涉条纹记录晶片移动的距离，从而使晶格间距可用 nm 来表示。X 射线和激光联合干涉仪实现了晶格间距用长度单位米表示。

这样，得到硅球的晶胞参数

$$d_{220}(\text{XINT}) = a(\text{XINT})/8^{1/2} = 192.01371198(34) \text{ pm} \tag{2-25}$$

式中，XINT 为 X 射线干涉仪的缩写。式(2-25)表示 X 射线干涉仪的移动晶片在移动 46 mm 距离时与晶体轴垂直的平均晶格间距。

每个球的平均晶格参数为

$$a(\text{S}) = \left(1 + \sum_i \beta_i \Delta N_i\right) a(\text{XINT}) \tag{2-26}$$

式中，S 为球 AVO28-S5c 或 AVO28-S8c；下标 i 为点缺陷；β_i 为应变系数；ΔN_i 为球与干涉仪之间点缺陷 i 的浓度差。与过去测定不同的是，要考虑到碳、氧和硼的污染。

测得 AVO28-S5c 硅球和 AVO28-S8c 硅球平均直径分别为 93710811.21(50) nm 和 93701526.26(47) nm，两者的平均体积分别为 430.819289(7) cm³ 和 430.763223(7) cm³。

如此，获得在保证测定不确定度的情况下的阿伏伽德罗常量值(表 2-4)[99-101]。

表 2-4　IAC 公布的 N_A 值

年份	$N_A \times (10^{-23} \text{ mol})$	$u_{\text{rel}}(N_A) \times 10^8$
2011	6.02214082(18)	3.0
2015	6.02214070(12)	2.0
2017	6.022140526(70)	1.2
2017	6.02214078(15)	2.4

注：$u_{\text{rel}}(N_A)$ 为 N_A 的不确定度。

2.1.2　实际气体状态方程

　　理想气体是在对实际气体进行假定的基础上抽象出的模型，用其处理实际气体时，实验数据会出现偏离(图 2-11)。因此，必须对理想气体状态方程进行修正，才能够适用于实际气体，修正来自两方面。

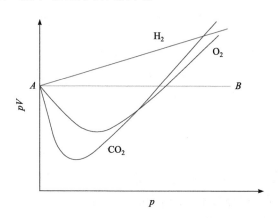

图 2-11　实际气体的 pV-p 示意图

　　理想气体的压力是忽略了分子间的吸引力和分子自由碰撞器壁的结果。实际气体的压力是碰壁分子受内层分子引力不能自由碰撞器壁的结果，所以

$$p_{\text{实}} < p \tag{2-27}$$

用 $p_{\text{内}}$ 表示 $p_{\text{实}}$ 与 p 的差，称为内压力，则有

$$p = p_{\text{实}} + p_{\text{内}} \tag{2-28}$$

　　$p_{\text{内}}$ 是两部分分子吸引的结果，它与两部分分子在单位体积内的个数成正比，即与两部分分子的密度成正比

$$p_内 \propto (n_外/V)(n_内/V) \tag{2-29}$$

两部分分子共处一体，密度一致，因此有

$$p_内 \propto (n/V)^2 \tag{2-30}$$

比例系数为 a，则有

$$p = p_实 + a(n/V)^2 \tag{2-31}$$

理想气体的体积是指可以任凭气体分子运动且可以无限压缩的理想空间，原因是气体分子自身无体积。但实际气体的分子体积不能忽略，只有从实际气体的体积 $V_实$ 中减去分子自身的体积，才能得到相当于理想气体体积的自由空间，即可以任凭气体分子运动且可以无限压缩的理想空间。

例如，在 5 dm^3 的容器中充满实际气体，由于分子自身体积的存在，分子不能随意运动，且不可无限压缩，若分子体积为 $V_{分子} = B \, dm^3$，则 $V_实 = 5 \, dm^3$，而

$$V = V_实 - V_{分子} = (5 - B) dm^3 \tag{2-32}$$

设每摩尔气体分子的体积为 $b \, dm^3 \cdot mol^{-1}$，对于 $n \, mol$ 实际气体，则有

$$V = V_实 - nb \tag{2-33}$$

理想气体状态方程为 $pV = nRT$，将式(2-31)和式(2-33)代入其中，得

$$[p_实 + a(n/V)^2](V_实 - nb) = nRT \tag{2-34}$$

这个方程称为范德华方程(van der Waals equation)[131]，只是实际气体状态方程中的一种形式，a、b 称为气体的范德华常数(van der Waals constant)。显然，不同的气体，范德华常数不同，反映出其与理想气体的偏差程度不同，a 和 b 的值越大，实际气体偏离理想气体的程度越大(表 2-5)。

当 $n=1$ 时，有

$$(p_实 + a/V^2)(V_实 - b) = RT \tag{2-35}$$

式中，V 为摩尔体积。

表 2-5　实际气体的范德华常数

气体	$a/(kPa \cdot L^2 \cdot mol^{-2})$	$b/(dm^3 \cdot mol^{-1})$	气体	$a/(kPa \cdot L^2 \cdot mol^{-2})$	$b/(dm^3 \cdot mol^{-1})$
H_2	3.445	0.0237	NH_3	422.55	0.0317
O_2	137.89	0.0318	H_2O	553.26	0.0305
CH_4	227.99	0.0128	C_2H_5OH	121.60	0.0841

由表 2-5 可以看出：由于不同气体各自的结构和性质关系不同，范德华方程仍仅是近似的。在工业气体反应工程中，仍然需要建立带有更多校正因素的更精确的状态方程。

值得注意的是，当学完微积分后，在后续物理化学课程的学习中，会从热力学角度对范德华方程有更深的认识和理解[132-133]。

2.1.3 分压定律和分体积定律

由两种或两种以上的气体混合在一起组成的体系称为混合气体。组成混合气体的每种气体都称为该混合气体的组分气体。显然，空气是混合气体，其中的 O_2、N_2、CO_2 等均为空气的组分气体。

分压定律的模型如图 2-12 所示。

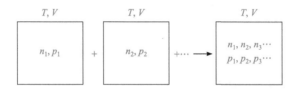

图 2-12　气体的分压定律模型

分体积定律的模型如图 2-13 所示。

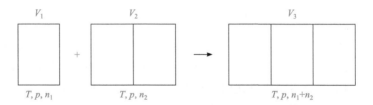

图 2-13　气体的分体积定律模型

组分气体的物质的量用 n_i 表示，混合气体的物质的量用 n 表示，则

$$n = \sum_i n_i \tag{2-36}$$

式中，i 组分气体的摩尔分数用 x_i 表示，则

$$x_i = n_i/n \tag{2-37}$$

$$\sum_i x_i = 1 \tag{2-38}$$

　　混合气体所占有的体积称为总体积，用 $V_总$ 表示。当某组分气体单独存在且占有总体积时，其具有的压力称为该组分气体的分压，用 p_i 表示，且有关系式：$p_i V_总 = n_i RT$。

　　混合气体所具有的压力称为总压，用 $p_总$ 表示。当某组分气体单独存在且具有总压时，其所占有的体积称为该组分气体的分体积，用 V_i 表示。关系式为：$p_总 V_i = n_i RT$，$V_i / V_总$ 称为该组分气体的体积分数。

　　道尔顿进行了大量实验，提出了混合气体的分压定律：混合气体的总压等于各组分气体的分压之和，即 $p_总 = \sum_i p_i$，此定律称为道尔顿分压定律(Dalton's law of partial pressure)。

　　理想气体混合时，由于分子间无相互作用，故在容器中碰撞器壁产生压力时，与独立存在时是相同的，即混合气体中组分气体是各自独立的，这是分压定律的实质。对于整个混合气体体系，应有

$$p_总 V_总 = nRT \tag{2-39}$$

　　由道尔顿分压定律，因 $p_i V_总 = n_i RT$，有

$$p_i / p_总 = n_i / n = x_i \tag{2-40}$$

即
$$p_i = p_总 x_i \tag{2-41}$$

组分气体的分压等于总压与该组分气体的摩尔分数之积。又因

$$p_总 V_i = n_i RT, \quad V_i / V_总 = n_i / n_总 = x_i \tag{2-42}$$

因此
$$p_i = p_总 x_i = p_总 (V_i / V_总) \tag{2-43}$$

这是分压定律的重要结论：组分气体的分压等于总压与该组分气体的摩尔分数之积，如图 2-14 所示。

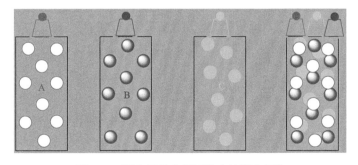

图 2-14　混合气体中相互独立的组分气体

例题 2-2

某温度下，将 2×10^5 Pa 的 O_2($3\,dm^3$)和 3×10^5 Pa 的 N_2($6\,dm^3$)充入 $6\,dm^3$ 的真空容器中，求混合气体各组分的分压及总压。

解 由分压的定义，对于 O_2

$$p_1=2\times10^5\,Pa,\quad V_1=3\,dm^3,\quad V_2=6\,dm^3$$

$$p_{O_2}=\frac{p_1V_1}{V_2}=\frac{2\times10^5\times3}{6}=1\times10^5(Pa)$$

同理
$$p_{N_2}=\frac{p_1V_1}{V_2}=\frac{3\times10^5\times6}{6}=3\times10^5(Pa)$$

由道尔顿分压定律：$p_{总}=p_{O_2}+p_{N_2}=1\times10^5\,Pa+3\times10^5\,Pa=4\times10^5\,Pa$

因此，混合气体中 O_2 的分压为 1×10^5 Pa，N_2 的分压为 3×10^5 Pa，总压为 4×10^5 Pa。

例题 2-3

常压下(1×10^5 Pa)，将 $4.4\,g$ CO_2、$11.2\,g$ N_2 和 $16\,g$ O_2 相混合，求混合后各组分的分压。

解 各组分的组成为

$$n_{CO_2}=\frac{4.4}{44}=0.1(mol),\quad n_{N_2}=\frac{11.2}{28}=0.4(mol),\quad n_{O_2}=\frac{16}{32}=0.5(mol)$$

$$n_{总}=n_{CO_2}+n_{N_2}+n_{O_2}=0.1+0.4+0.5=1.0(mol)$$

$$p_{CO_2}=p_{总}x_{CO_2}=1\times10^5\times\frac{0.1}{1.0}=0.1\times10^5(Pa)$$

$$p_{N_2}=p_{总}x_{N_2}=1\times10^5\times\frac{0.4}{1.0}=0.4\times10^5(Pa)$$

$$p_{O_2}=p_{总}x_{O_2}=1\times10^5\times\frac{0.5}{1.0}=0.5\times10^5(Pa)$$

因此，混合气体中 CO_2 的分压为 0.1×10^5 Pa，N_2 的分压为 0.4×10^5 Pa，O_2 的分压为 0.5×10^5 Pa。

2.1.4 气体扩散定律

1. 气体扩散定律的基本内容

1826 年，苏格兰物理化学家格雷姆(T. Graham，1805—1869)在《哲学年鉴》上发表了他的第一篇论文《关于气体的相互扩散及其机械分离的实验研究》[134]，开始了对气体扩散的研究。1831 年，格雷姆在爱丁堡皇家学会宣读了论文《论气体扩散定律》，指出[135]：同温同压下各种不同气体扩散速率与气体密度的平方根成反比。这就是气体扩散定律。气体的扩散速率既可以理解为单位时间内扩散的距离，又可以理解为单位时间内完成扩散的气体的质量或体积。

格雷姆

若以 u 表示扩散速率，ρ 表示密度，则有

$$\frac{u_A}{u_B} = \sqrt{\frac{\rho_B}{\rho_A}} \qquad (2\text{-}44)$$

由理想气体状态方程： $pV=nRT$

$$pV = \frac{m}{M_r}RT \qquad (2\text{-}45)$$

$$M_r = \frac{m}{V}\frac{RT}{p} \qquad (2\text{-}46)$$

$$M_r = \rho\frac{RT}{p} \qquad (2\text{-}47)$$

$$\frac{u_A}{u_B} = \sqrt{\frac{M_r(B)}{M_r(A)}} \qquad (2\text{-}48)$$

例题 2-4

50 cm³ 氧气通过多孔性隔膜扩散需 20 s，20 cm³ 另一种气体通过该膜需 9.2 s。求这种气体的分子量。

解 单位时间内气体扩散的体积与扩散的速率成正比，因此

$$\frac{u(O_2)}{u(X)} = \frac{50/20}{20/9.2} = \sqrt{\frac{M_r(X)}{M_r(O_2)}} = \sqrt{\frac{M_r(X)}{32}}$$

$$M_r(X)=42.32 \text{ g} \cdot \text{mol}^{-1}$$

这种气体的分子量为 42.32 g · mol⁻¹。

2. 应用

除了像【例题 2-4】那样，利用公式求出未知某气体的分子量或扩散速率以外，气体扩散定律还有其他重要的应用和发展。

(1) 依据定律可知，当把气体混合物放进一个器壁呈多孔且能穿过气体的容器中时，其中较轻的气体比较重的气体能更快地通过多孔器壁而达到气体分离和富集的目的，铀浓缩就是一例。浓缩铀以天然铀为原料。天然铀中，^{235}U 的丰度为 0.71%，^{238}U 的丰度达到 99.28%。核反应堆和核武器装料要求 ^{235}U 含量达 90% 以上，低浓铀核反应堆的核燃料要求含 ^{235}U 为 2%～3%。因此，以天然铀作为原料将 ^{235}U 和 ^{238}U 分开，以增加 ^{235}U 的浓度，这是一项难度较大的工作。UF_6 是分离铀同位素的适宜原料。UF_6 是一种剧毒、腐蚀性强且有放射性的白色晶体，加热后升华为气体。由于 ^{238}U、^{235}U 的质量数不同，因此 UF_6 气体中二者的质量数也不同，UF_6 中 ^{235}U 的质量数是 349、^{238}U 的质量数是 352。当高压下，UF_6 混合气体(铀同位素的混合气体)透过联级多孔薄膜时，UF_6 中 ^{235}U 轻分子气体会比 ^{238}U 重分子气体更快地通过。通过膜管的气体立即被泵送到下一级，留在膜管中的气体则返回再循环。由于两者分子质量差别不大，在每一个气体扩散级中 ^{235}U 的浓度比 ^{238}U 的浓度仅略有增加，如此分离、浓缩到工业级 ^{235}U 浓度则需 1000 级以上。虽然气体扩散法投资和耗电量都很大，但仍是实现铀浓缩工业应用的主要方法[136-137]。

(2) 1999 年，格罗塞(W. Grosse)和弗里克(H. J. Frick)报道[138]称，不断积累的证据表明许多水生植物的叶、新鲜或干燥的茎，甚至湿地树木的树干都有含丰富膜孔的"皮肤"，基本上形成了一个"气体流动产生器"[138-141]。对于湿地植物，气体的内部转移对于在永久饱和水或浸水土壤上生长至关重要，为根茎提供氧气。现在的研究已经表明，除了热蒸腾、湿度诱导和文丘里管诱导的气体输送之外，格雷姆气体扩散定律所描述的转移效应是参与这一过程的，并认为这种效应可能对根基的供氧和土壤有机化合物再矿化有利，从而对改善植物营养有重要作用。

2.1.5 气体分子运动论

1. 气体分子的速率分布

虽然处于同一体系的为数众多的气体分子相互碰撞，分子运动速率不同且运动速率在不断变化，但其速率分布有一定规律。麦克斯韦(J. C. Maxwell，1831—1879)研究了计算气体分子速率分布的公式，即麦氏分布函数[142]：

$$f(v) = 4\pi\left(\frac{m}{2\pi kT}\right)^{3/2} e^{-\frac{mv^2}{2KT}} v^2 \tag{2-49}$$

麦氏分布函数讨论了分子运动速率的分布(图 2-15)。如中学物理中描述的，分子分布规律是速率极大和极小的分子都较少，而速率居中的分子较多。图 2-15 中，横坐标 u 为分子运动速率，纵坐标为单位速率间隔内分子的数目。曲线下覆盖的面积：在 u_1 和 u_2 之间的气体分子的数目，是一个绝对的数量 N。因而，N 不同，图形不同。分子运动速率的分布图因气体的量不同而具有不同的形状，因而 N 值不同。若将纵坐标除以 N，即为 $\dfrac{\Delta N/\Delta u}{N} = \dfrac{1}{N}\dfrac{\Delta N}{\Delta u}$，$N$ 是分子总数，则曲线下所覆盖的面积将是某速率区间内分子数占分子总数的分数(图 2-16)，即覆盖的面积表示速率在 $u_1 \sim u_2$ 的分子占分子总数的分数。曲线下覆盖的总面积为单位 1。

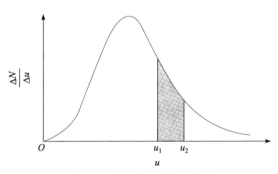

图 2-15　气体分子的速率分布

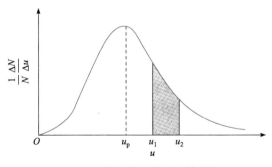

图 2-16　气体分子的最概然速率

只要温度相同，不论气体的量是多少，曲线一致。在 u_p 附近的小区间里，分子数目最多，即具有 u_p 速率的分子数目最多，分数最大。这里的 u_p 称为最概然速率(most probable speed)，又称为最可几速率，它表示气体在一定温度下分布在最

概然速率 u_p 附近单位速率间隔内的相对分子数最多。最概然速率 u_p 小于算术平均速率 $\bar{u}$ 。算术平均速率为

$$\bar{u} = \frac{u_1 + u_2 + \cdots + u_N}{N} \tag{2-50}$$

均方根速率(root-mean-square speed)为

$$\sqrt{\overline{u^2}} = \sqrt{\frac{N_1 u_1^2 + N_2 u_2^2 + \cdots + N_N u_N^2}{N_1 + N_2 + \cdots + N_N}} \tag{2-51}$$

温度增高，分子的运动速率普遍增大，最概然速率也增大，但具有最概然速率的分子分数小了。两条曲线下覆盖的面积是相等的(图 2-17)，均为单位 1。

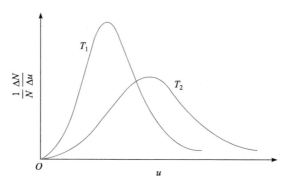

图 2-17 不同温度时的气体分子速率分布($T_2 > T_1$)

2. 气体分子的能量分布

气体分子的能量分布受其速率分布影响。图 2-18 的能量分布图是在三维空间的讨论结果，与速率分布类似，开始时较陡，后趋于平缓。在无机化学甚至在物理化学中，常用能量分布的近似公式计算：

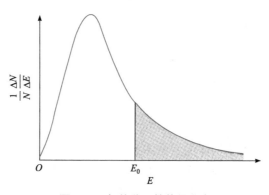

图 2-18 气体分子的能量分布

$$f_{E_0} = \frac{N_i}{N} e^{-E_0/RT} \tag{2-52}$$

式中，E_0 为能量；N_i 为能量超过 E_0 的分子的个数；N_i/N 为能量超过 E_0 的分子的分数。从式(2-52)中可以看出，E 越大时，f_E 越小。

3. 理想气体分子运动方程

(1) 理想气体分子运动方程的推导。边长为 l、体积为 V 的容器内有 N 个质量为 m 的气体分子(图 2-19)，碰撞时无能量损失，$\sqrt{\overline{u^2}}$ 大小不变，则每碰撞一次，分子动量的改变值为 $-m\sqrt{\overline{u^2}} - m\sqrt{\overline{u^2}} = -2m\sqrt{\overline{u^2}}$，每秒碰撞壁的次数为 $\dfrac{\sqrt{\overline{u^2}}}{l}$，每秒动量改变值为 $-2m\dfrac{(\sqrt{\overline{u^2}})^2}{l}$，因此，器壁所受的气体的压力为 $p = \dfrac{2Nm(\sqrt{\overline{u^2}})^2}{1.61^2} = \dfrac{Nm(\sqrt{\overline{u^2}})^2}{3V}$，即 $pV = \dfrac{Nm(\sqrt{\overline{u^2}})^2}{3} = NkT$。

因气体分子的平均动能与热力学温度成正比，即

$$\frac{m(\sqrt{\overline{u^2}})^2}{2} = \frac{3}{2}kT \tag{2-53}$$

式中，$k = 1.38 \times 10^{-23}$ J · K^{-1}，称玻耳兹曼常量(Boltzmann constant)。于是

$$pV = \frac{1}{3}Nm(\sqrt{\overline{u^2}})^2 = \frac{2}{3}N \cdot \frac{1}{2}m(\sqrt{\overline{u^2}})^2 = \frac{2}{3}N \cdot \frac{3}{2}kT \tag{2-54}$$

$$pV = NkT \tag{2-55}$$

这是理想气体分子运动方程的一个重要推论。

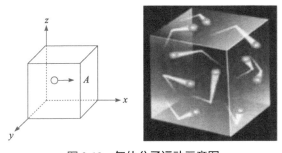

图 2-19　气体分子运动示意图

(2) 应用理想气体分子运动方程可以对一些气体经验方程做出很好的解释。

第一，对理想气体方程的解释：

因为 N 个气体分子的物质的量为 $\dfrac{N}{6.02\times10^{23}}$ mol，所以

$$pV = NkT = \frac{N}{6.02\times10^{23}} \times 6.02\times10^{23}\,kT = n\times6.02\times10^{23}\,kT = nRT$$

第二，对气体扩散定律的解释：

对于 1 mol 某种气体，$pV = \dfrac{1}{3}Nm(\sqrt{\overline{u^2}})^2$，可改写为 $pV = \dfrac{1}{3}N_A m(\sqrt{\overline{u^2}})^2$。将 $\sqrt{\overline{u^2}}$ 简写为 u，上式可写为 $u = \sqrt{\dfrac{3pV}{N_A m}} = \sqrt{\dfrac{3RT}{M}}$。所以，可直接推导出气体扩散定律的公式：

$$\frac{u_A}{u_B} = \frac{\sqrt{\dfrac{3RT}{M_A}}}{\sqrt{\dfrac{3RT}{M_B}}} = \sqrt{\frac{M_B}{M_A}} \tag{2-56}$$

4. 气体分子运动论的发展过程

1738 年，瑞士数学家、物理学家伯努利(D. Bernoulli，1700—1782)发表的著作《流体力学》成为气体运动理论的基础。伯努利提出气体是由大量向各个方向运动的分子组成的，分子对表面的碰撞就是气压的成因，热就是分子运动的动能。但是，伯努利的观点并没有被立即接受，部分原因是当时还没有建立能量守恒律，分子之间为弹性碰撞也不是那么显而易见。1744 年，俄国百科全书式的科学家、语言学家、哲学家和诗人罗蒙诺索夫(M. V. Lomonosov，1711—1765)第一次明确提出热现象是分子无规则运动的表现，并把机械能守恒定律应用到了分子运动的热现象中。1856 年，克罗尼格(A. Krönig)提出了一个只考虑分子平动的简单的气体运动理论[143]。1857 年，德国物理学家和数学家克劳修斯(R. Clausius，1822—1888)提出一个更复杂的气体运动理论[144]：除了分子的平动，他还考虑了分子的转动和振动，引入了平均自由程的概念。1859 年，麦克斯韦在克劳修斯工作的基础上，提出了麦克斯韦分子速度分布率[145]。这是物理学史上第一个统计定律。1871 年，玻耳兹曼推广了麦克斯韦的工作，提出了麦克斯韦-玻耳兹曼分布[146]。

20 世纪初，很多物理学家仍然认为原子只是假想，并非真实存在。直到 1905 年爱因斯坦[147]和 1906 年波兰物理学家斯莫鲁霍夫斯基(M. von Smoluchowski，

1872—1917)[148]关于布朗运动的论文发表之后，物理学家才放弃此想法，他们的论文给出了分子运动理论的准确预言。

伯努利　　　　　罗蒙诺索夫　　　　　克劳修斯　　　　　麦克斯韦

2.1.6　气体的液化

1. 气体液化的条件

从第 1 章图 1-6 中得知：气体变成液体的过程称为液化或凝聚。气体液化就是改变物态的结构和性质。任何气体要液化，必需的条件是降低温度或同时加压。因为降温可以减小液体的饱和蒸气压，加压可以减小气体分子间的距离，有利于增大分子间的引力。

实验结果告诉人们：单纯降温的确可以使气体液化，但是单纯采用加压的方法未必能奏效，只有将温度降到一定值后，然后加压到一定程度，才可以实现气体的液化。

思考题

2-3　为什么单纯采用加压的方法不能使气体液化?

2. 水的相图

众所周知，水有三种不同的聚集状态。在指定的温度、压力下可以互成平衡，即在特定条件下还可以建立其三相平衡体系(图 2-20)。在通常压力下，水的相图为单组分系统中最简单的相图。在此系统中只有一个相存在时，即水以气相或液相或固相存在时，温度、压力均可变更。因此，在 T-p 图上有三个面各代表这三个相。在此系统中可能存在的两相平衡有三种情形：液-气平衡、固-气平衡、固-液平衡。此时系统 T 和 p 只有一个能任意变更。因此，在 T-p 图上的三条线各代表上述三种两相平衡。在此系统中可能存在的三相平衡为固-液-

气三相平衡，此时系统的 T 和 p 均已一定，不能变更。因此，在 T-p 图上有一个三相点，严格地讲应是纯水的液相、固相、气相以平衡状态同时存在的温度与压力。其中 OC 线是液-气平衡线，即水的蒸气压曲线；OA 线是固-气平衡线，即冰的蒸气压曲线；OB 线是固-液平衡线；O 点是冰-水-气三相平衡的三相点，从图中可以看出，此时的温度和压力均已一定，温度为 273.152 K，压力为 0.611 kPa。这就是常说的水的相图有三个单相面、三条两相平衡线、一个三相点。

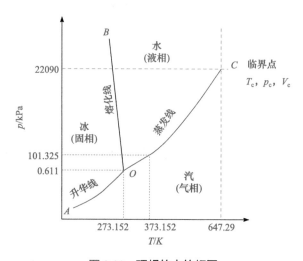

图 2-20　理想的水的相图

图 2-20 C 点称为水的临界点。临界点的温度、1 mol 气态物质所占的压力和体积分别称为临界温度(T_c，647.29 K)、临界压力(p_c，22090 kPa)和临界体积(V_c)，统称为临界常数。一些气体的临界常数和熔点、沸点列于表 2-6。

表 2-6　一些气体的临界常数和熔点、沸点

气体	T_c/K	p_c/Pa	V_c/(m³·mol⁻¹)	熔点/K	沸点/K
He	5.1	$2.28×10^5$	$5.77×10^{-5}$	1	4
H_2	33.1	$1.30×10^6$	$6.50×10^{-5}$	14	20
N_2	126	$3.39×10^6$	$9.00×10^{-5}$	63	104
O_2	154.6	$5.08×10^6$	$7.44×10^{-5}$	54	90
CH_4	190.9	$4.64×10^6$	$9.88×10^{-5}$	90	156
CO_2	304.1	$7.39×10^6$	$9.56×10^{-5}$	104	169
NH_3	408.4	$1.13×10^7$	$7.23×10^{-5}$	195	240

续表

气体	T_c/K	p_c/Pa	V_c/(m³·mol⁻¹)	熔点/K	沸点/K
Cl₂	417	7.71×10⁶	1.24×10⁻⁴	122	239
H₂O	647.3	2.21×10⁷	4.50×10⁻⁴	273	373

从表 2-6 可看出，He、H₂、O₂ 等的熔点、沸点都很低，难以液化；NH₃、H₂O 等却易于液化。气态物质处于临界状态是一种亚稳态，气体和液体之间的性质差别消失，两者之间的界面也将消失。无机合成化学家利用此发明了水热/溶剂热合成法，在这种状态下制备了无数在常态下无法得到的新物种。一个典型的例子是李亚栋、钱逸泰在 700℃ 下使 CCl₄ 和金属 Na 发生类似 Wurtz 反应制成了金刚石相[149]，该工作在 *Science* 上发表不久就被美国 *Chemical & Engineering News*(《化学与工程新闻》)评价为"稻草变黄金"。

思考题

2-4 在水的相图中，为什么 *OC* 线向下可延伸到绝对零度，向上延伸却不能超过三相点 *C*？ *OC* 线向上只可延伸到 2×10⁸ Pa 和−20℃左右，若压力再增加又会怎么样？

2-5 为什么 He、H₂、O₂ 等熔点、沸点都很低的物质难以液化？NH₃、H₂O 等却易于液化？

2-6 为什么水热/溶剂热合成法可以制备出在常态下无法得到的新物种？

历史事件回顾

3　第一个精测水三相点的物理化学家——黄子卿

一、温度和温标

1. 概念

科学定量地描述物体冷热状态的物理量为温度[150]，微观上来讲是物体分子热运动的剧烈程度。温度只能通过物体随温度变化的某些特性来间接测量，而用来量度物体温度数值的标尺称为温标。它规定了温度的读数起点(零点)和测量温度的基本单位。国际单位采用热力学温标(K)。目前国际上用得较多的其他温标有华氏温标(°F)、摄氏温标(℃)和国际实用温标。从分子运动论观点看，温度是物体分子运动平均动能的标志，是大量分子热运动的集体表现，含有统计意义。对于个别分子来说，温度是没有意义的。宏观上，温度是根据某个可观察现象(如水银柱的膨胀)，按照一种温标所测得的冷热程度。

2. 温标建立原则

为了定量测量温度，首先必须确定温度的数值表示方法，然后以此为根据对温度计进行刻度。建立温标包括两个方面：一是确定温度数值大小的依据；二是标度方法。具体说来又包含以下三个要素：

(1) 选定测温物质及其测温属性，此属性用数值表示，即某种物质的测温参量 X，如铂的电阻、热电偶的温差电动势等。

(2) 确定测温参量与温度之间的关系。在尚未确立任何温标之前，这种关系只是在一定经验的基础上做出的假定关系。例如，确定为线性关系：

$$t = aX + b \tag{2-57}$$

式中，a、b 需要由所取的两个标准温度点的数值确定。又如，确定温度与测温参量间为正比关系

$$T = aX \tag{2-58}$$

式中，a 只由一个标准温度点即可确定。

(3) 确定标准温度点并规定其数值，此即标度方法。

以上三个要素实际包括了五个方面的内容：测温物质、测温属性(测温参量)、温度与测温参量间的关系、标准温度点和标准温度点的数值。这些在实验计温学中是很重要的。任何一种温标的五个方面都有确定的内容(除热力学温标不涉及测温物质外)，改变其中的任何一方面就成为另一种温标。但是由于一种温标的名称不可能把建立该种温标的所有因素都表达出来，加上一些书籍在介绍温标的种类时没有严格按照概念划分的原则(如在每次划分时只能根据同一标准)，而是把按不同标准划分的不同温标并列，这就容易使人分不清温标究竟有几种，各种温标的区别以及它们之间的联系。

3. 标度分类

(1) 华氏温标。由荷兰物理学家、工程师华伦海特(G. D. Fahrenheit，1686—1736)于 1714 年建立。他最初规定氯化铵与冰的混合物为 0 °F，人的体温为 100 °F。后来规定在标准状态下纯水与冰的混合物为 32 °F，水的沸点为 211.9532 °F。两个标准点之间均匀划为 180 等份，每份为 1 °F。

(2) 列氏温标。由法国著名科学家列奥缪尔(R. A. F. de Réaumur，1685—1757)于 1740 年建立。他将水的冰点定为 0 °Ré，将酒精体积改变千分之一的温度变化为 1 °Ré。这样，水的沸点为 79.9792 °Ré。

(3) 摄氏温标。由瑞典物理学家、天文学家，瑞典科学院院士摄尔修斯(A. Celsius，1710—1744)于 1742 年建立。最初，他将水的冰点定为 0℃，水的沸点定为 99.974℃，后来他接受了瑞典科学家林列的建议，把两个温度点的数值对调。1960 年国际计量大会对摄氏温标重新定义，规定它由热力学温标导出。摄氏温度的定义为 $t/℃=T/K-273.15$。

(4) 开氏温标。由英国物理学家、发明家开尔文(L. Kelvin，1824—1907)于 1848 年建立。由于华氏温标、列氏温标、摄氏温标这些经验温标的定义有随意性及测温范围有限，不能满足科学技术进一步发展的要求。为此，1848 年开尔文根据可逆热机的卡诺循环提出了热力学温度定义和温标。1954 年国际计量大会规定水的三相点的温度为 273.16 K。为了使开尔文温标每一度的温度间隔与早已建立并广为使用的摄氏温标每一度的间隔相等(按理想气体温标，通过实验并外推得出理想气体的热膨胀率为 1/273.15，由此确定-273.15℃为热力学温度的零度，而冰点的热力学温度为 273.15 K)，将标准温度点由水的冰点改为水的三相点(相差 0.01℃)时，按理想气体温标确定的水的三相点的温度就确定为 273.16 K。表 2-7 列出不同温标下的温度表示。

表 2-7　不同温标下的温度表示

温标	绝对零度	标准大气压下水的冰点	人体正常体温	标准大气压下水的沸点
开氏温标	0.00 K	273.15 K	309.95 K	373.124 K
摄氏温标	−273.15℃	0.00℃	36.80℃	99.974℃
华氏温标	−459.67 °F	32.00 °F	98.24 °F	211.9532 °F
列氏温标	−218.52 °Ré	0.00 °Ré	29.44 °Ré	79.9792 °Ré

| 华伦海特 | 列奥缪尔 | 摄尔修斯 | 开尔文 |

二、水的冰点和三相点的区别

由前文已知，图 2-20 的 O 点是冰-水-气三相平衡的三相点，从图中可以看出，此时的温度和压力一定，温度为 273.152 K，压力为 0.611 kPa。强调这时的水和冰都是"纯的"，压力是 0.611 kPa 是有意义的。为什么早期的许多教科书和工具书把三相点和冰点认为是同一个点是错误的？为什么把图 2-20 标注为"理想的水的相图"？

原来一般教科书和工具书上使用的是"溶解有饱和空气的水的非理想相图"。两者的区别是在非理想的水的相图中，许多人忽略了三相点和冰点的概念区别。水的冰点和三相点的压力、温度都不相同：通常在 101.325 kPa 下水的冰点是 0℃ 或 273.15 K。外压变化时水的冰点就随之变化，也就是说水的冰点受外界条件影响。而水的三相点的温度和压力皆由体系自定，不受外界条件的影响。因此，在水的非理想相图中，水的三相点是指没有空气的纯水的 0.611 kPa 处的点，而冰点是指在 101.325 kPa 下溶解有饱和空气的水的结冰点[151-155]。

三、水的三相点的测定

1. 背景

1854 年，开尔文进一步指出，只要在热力学温标上选定一个固定的温度值，就能把热力学温标完全确定下来。怎样选择这个固定点就成了问题的症结，人们希望寻求一个温度数值恒定，不受外界因素影响，便于复现，且精度高、造价低廉、制作方便的温度点。1913 年国际计量大会正式通过采用热力学温标，并确定要研究选择一定数量合适的测温参考点以便建立实用温标。1927 年国际计量大会正式建立暂行的国际实用温标并要使其尽量与热力学温标一致。在该温标中沿用了摄氏温标中以冰熔点为 0℃ 的定义点。根据气体自冰点到汽点的平均膨胀系数和平均压力系数的精确实验值，求得理想气体温标的零点为-273.15℃。但那时定义热力学温标的固定点一直未确立[156-157]。

　　当时科学界对国际实用温标中选定的冰熔点(水的冰点)的稳定性和准确度提出了质疑。因为水的冰点是在标准大气压下对空气饱和的水的液-固平衡的温度，它受外界大气压或测量的地理位置影响，并且与水对空气饱和的状况有关。当时物理化学界计划并已开始测定水的三相点，即水在其饱和蒸气压下气-液-固三相平衡时的温度，它不涉及大气压和冰的含气问题。1934 年，中国物理化学学科的奠基人之一、当时在美国麻省理工学院攻读博士的黄子卿选择了重新测定水的三相点的课题。测定水的三相点就需要以冰点为参考测量水的三相点与冰点的温度之差。

　　测定的难点在于，作为温标的固定参考点应具有高度的稳定性和重现性。而20 世纪 20 年代末，一般组装的冰点池只能满足 0.01℃的精度。当精度要求为0.0001℃时就会遇到实验技术上的困难。

　　2. 实验测定的主要节点

　　(1) 1927 年，米切尔(A. Michels)对水的三相点进行了研究[158]，他们用电阻温度计测量温度，测得水的三相点的偏差超过了 0.001℃，并建议用水的三相点代替冰点作温标的基点。在此期间一般认为水的冰点的偏差是不能超过 0.002℃或0.003℃的。

　　(2) 1929 年，摩瑟(H. Moser)同样用电阻温度计对水的三相点进行了测定[159]，测得三相点的偏差可降到 0.00005℃，因此他也推荐以三相点代替冰点作温标的基点。摩瑟在实验中测得水在三相点时的蒸汽压为 4.6 mmHg(1 mmHg = 133.322 Pa)。当汞柱由 4.6 mm 升到 760 mm 时，测得冰点降低为 0.0074℃，加上一个大气压下水内溶解的空气，可使冰点降低 0.0024℃，则冰点共降低 0.0098℃。因为在温标中规定水的冰点为 0℃，故摩瑟测得水的三相点温度为 + 0.0098℃。

　　(3) 1934 年，托马斯(J. L. Thomas)为检验冰点的重复性，用电阻温度计对水的三相点与冰点进行了测定[160]。他分别用 9 个冰溶、2 个三相点管做了 20 次测定，得三相点与冰点之差为 0.0098℃。此值与摩瑟所得结果完全相符。

　　(4) 1938 年，黄子卿[161]为严格按定义确定冰点，对水样做了纯化处理并严格使冰点瓶中水样饱和气量稳定。对实际压力仔细修正，用测量水样电导的方法估算杂质对冰点的影响并修正。为确定三相点，精选制作三相点瓶的材料并进行了严格的清洗，用真空蒸馏的方法将水样注入三

黄子卿

相点瓶中，同样用测量水样电导的方法做杂质影响的修正。在测定三相点时，将三相点瓶和冰点瓶都浸入冰水混合浴槽中，用 48 对铜-康铜热电偶测量三相点瓶和冰点瓶的温差。由此得出水的三相点温度为(0.00980±0.00005)℃。这一重要结果在 1945 年被美国华盛顿哲学会主席斯廷森(H. F. Stimson)推崇为水的三相点的可靠数据之一[162]，1948 年被确定为国际实用温标(IPTS-48)选择基准点的参照数据之一。

用不同方法，在不同时间和不同实验室所测三相点温度均能完全吻合，说明三相点的重复性是很高的，数据是可信的。当三相点一旦形成后，它所指示的温度则不再受外界压力变化的影响，且比冰点更精确，这就是采用三相点作基点的优势之一。因此，1948 年国际计量大会做出如下决议：以三相点以下 0.01℃作为热力学温度温标的零点[163]。1954 年国际计量大会正式通过了三相点作为开氏热力学温标的基点的决议[164]。1960 年国际计量大会在修改 1948 年的国际温标时[165]，又特别提出了 1954 年会议的决议，并规定水的三相点用热力学温标表示时为 273.16 K。1968 年 10 月，国际度量衡委员会批准采用由国际测温学咨询委员会(Comite Consultatif de Themometrie，CCT)推荐的 IPTS-68[165-166]，代替当时通用的 IPTS-48。

后来，在冰点和三相点概念辩论时，黄子卿专门写了一篇论文予以说明[167]。

3. 冰点温度计算

如果改变外压和水中溶解空气的含量，相对于三相点，则对冰点的影响可计算如下。

1) 增加压力的影响

对 H_2O 而言：$H_2O(s) \rightleftharpoons H_2O(l)$，两相平衡体系的平衡压力随平衡温度的变化率为

$$dp/dT = \Delta H_m/(T\Delta V_m) \tag{2-59}$$

已知冰的熔融热为 6000 $J \cdot mol^{-1}$，$H_2O(l)$ 的 V_m=18.018 cm^3，$H_2O(s)$ 的 V_m=19.652 cm^3，三相点时，水的平衡蒸气压为 0.611 kPa，冰点时，水与冰的外压为 101.325 kPa，1 J =9.869×10⁻³ dm³ · atm，则

$dT/dp = T\Delta V_{m,相变}/\Delta H_{m,相变}$

$\quad\quad = [273.15 \text{ K} \times (18.018-19.652) \times 10^{-3} \text{ dm}^3]/[6000 \times 9.869 \times 10^{-3} \text{ dm}^3 \cdot \text{atm}]$

$\quad\quad = -0.00754 \text{ K} \cdot \text{atm}^{-1}$

因此，平衡温度改变为

$$\Delta T = -0.00754 \Delta p$$
$$= -0.00754 \text{ K} \cdot \text{atm}^{-1} \times (0.611 \text{ kPa} - 101.325 \text{ kPa})$$
$$= -0.00754 \text{ K} \cdot (101.325 \text{ kPa})^{-1} \times (0.611 \text{ kPa} - 101.325 \text{ kPa})$$
$$= 0.00749 \text{ K}$$

即当考虑到外压影响时，通常所说的水的冰点比三相点的温度低 0.00749 K。

2) 水被空气饱和的影响

在温度为 273.15 K、压力为 101.325 kPa 时，空气在水中的溶解度为 28.18 cm$^3 \cdot$ dm^{-3}，其浓度为 0.00130 mol $\cdot$ kg^{-1}，冰点下降常数 $K_f = 1.860$ K $\cdot$ kg $\cdot$ mol^{-1}，则冰点下降值为

$$\Delta T = K_f m = 1.860 \times 0.0013 = -0.00242 \text{(K)}$$

即达到平衡时温度是 0.00242 K，低于纯水的三相点。

如果压力和水中溶有空气的影响是独立的且有加和性，则冰与被空气饱和了的水的平衡温度为 0.00242 K + 0.00749 K = 0.00991 K，也就是常说的 0.01℃。

4. 测定装置

1963 年，我国实验热化学奠基人冯师颜专门就测定装置的重复性撰写了论文[168]。他使用国家计量局及北京温度计厂生产的三相点管(图 2-21)。当管吹好并退火后，暂不封口，先用酸和蒸馏水将管内洗净，再用蒸汽清洗数日，直到全部内表面形成一连续流层为止。此时将管与盛有不含溶解气体的蒸馏水的容器连接，先进行抽气，然后装水至距顶部约 2 cm 处，将口封闭。

冯师颜

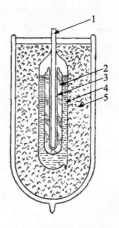

图 2-21　测定三相点的装置示意
1. 温度计管；2. 冰衣；3. 融化的水层；4. 水；5. 冰浴

三相点温度是指纯冰、纯水与水蒸气三相平衡的温度。三相点管内的水很难保证不含杂质，特别是经过很长时间后，玻璃的溶解已不可忽略。因此，如何获得纯冰、纯水与水蒸气的三相平衡，便成为三相点测定中的一个关键性问题。根据溶液结冰时先结出的为纯溶剂的原理，这个问题被科学家很巧妙地解决了。下述操作过程即此原理的具体运用。

将三相点管埋入冰浴内半小时，先使其温度降到 0℃上下，然后将压碎的干冰装入温度计管内，使温度计管的外壁形成冰衣。当水开始结冰时，可以看出沿温度计管外壁结出的冰多为细针状。继续冷却，针状晶体即逐渐消失，形成玻璃状冰衣。当冰衣厚度达 5～10 mm 时，将温度计管内的干冰取出，注入温水，使温度计管外壁的薄薄一层冰衣融化。因杂质均留在冰衣外面的水内，故沿温度计管外壁周围形成了纯冰、纯水与水蒸气的三相平衡。冰衣的融化很容易检查：将三相点管沿温度计管的轴用力旋转，若冰衣跟着旋转，即表示已有薄薄一层冰衣融化了。此时，将注入的温水吸出，倒入预先冷到0℃的冷水，插入温度计。将三相点管全部埋入冰浴内，半小时后即可进行测量。这样测得的三相点的温度偏差可降到 8×10^{-5}℃。

5. 黄子卿是第一位精测水的三相点的物理化学家

物理化学常数的测定关键在精度和复现性，而这些又以测量的不确定度为基准。黄子卿等测定水三相点温度值是以冰点为基础的，测定值近于+0.01℃。这项工作降低了温度单位的不确定度，具有重要的科学价值和实用意义。例如，对于古老的摄氏温标，18 世纪对水沸点的测定不确定度为 0.1℃，那么温度单位的不确定度也只有 1×10^{-3}；到 1948 年采用国际实用温标时，水沸点的测定不确定度已到 1 mK，那么温度单位的不确定度为 1×10^{-5}。而在定义开尔文时，水三相点的测定不确定度已达 0.1 mK，温度单位的不确定度为 $(3\sim4)\times10^{-7}$，使温度计量的测量水平提高了两个数量级。黄子卿测定水三相点的温度值对建立热力学温度单位所做的功绩，是中国科学家对世界计量科技发展的一项重要贡献。

2.2 液　　体

2.2.1 液体状态

液体状态是分子由无序运动的气态到分子完全有序定位的晶体之间的一种过

渡状态。液体没有确定的形状，往往是受容器影响的。液体的体积在压力及温度不变的环境下是固定不变的。此外，液体对容器壁施加的压力和其他物态一样，传送至四面八方，并随着液体深度的增加而增加。液体具有一定的流动性和混合性，具有固定的凝固点和沸点。

液体中分子间的空间已被分子间引力局限到最低程度，所以改变压力对液体的体积几乎没有影响。当升高温度时，大多数液体会发生体积膨胀，从而其密度减小；同时，升高温度使液体分子动能增大，分子运动加剧而与分子间引力相对抗，不过由此产生的体积膨胀比气体体积随温度膨胀要小得多。

液体表面最基本的特性是趋向于收缩，说明液体具有表面张力(surface tension)。这种作用于液体表面、使液体表面积缩小的力称为液体的表面张力。在液体内部一个分子在各个方向上均等地被周围分子吸引，但在液面上的分子受力不均匀，被内部分子吸引，因而液面分子被拉向内部(图 2-22)，倾向于使液体表面收缩到最小，这也是小液滴通常呈圆球形的原因。

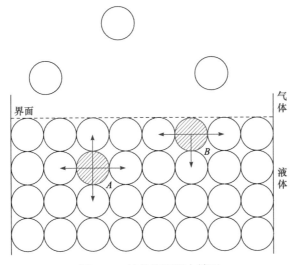

图 2-22　液体表面受力情况

表面张力 γ 的大小是可以测定的。常用测定方法有毛细管上升法、滴重法、吊环法、最大压力气泡法等。从表 2-8 看出，液体表面张力随温度升高而降低；通常情况下，无机液体的表面张力比有机液体的表面张力大得多，有机液体的表面张力都小于水；分子量大，表面张力大；水的表面张力会因加入溶质而改变，有的溶质使表面张力增加，有的溶质使表面张力减小。压力和表面张力没有关系。

表 2-8　一些物质的表(界)面张力

物质	$\gamma/(N \cdot m^{-1})$	T/K	物质	$\gamma/(N \cdot m^{-1})$	T/K
$H_2O(l)$	0.07288	293	$Hg(l)$	0.4865	293
	0.07214	298		0.4855	298
	0.07140	303		0.4845	303
苯(l)	0.02888	293	$Sn(l)$	0.5433	605
	0.02756	303	$Ag(l)$	0.8785	1375
甲苯(l)	0.02852	293	$Cu(l)$	1.3000	熔点
氯仿(l)	0.02667	298	$KClO_3(s)$	0.0810	641
四氯化碳	0.02643	298	$NaNO_3(s)$	0.1166	581
甲醇	0.02250	293	H_2O-正丁醇	0.0018	293
乙醇	0.02239	293	H_2O-乙酸乙酯	0.0068	293
	0.02155	303	Hg-H_2O	0.4150	293
辛烷	0.02162	293		0.4160	298
乙醚	0.02014	298	Hg-乙醇	0.3890	293
$N_2(l)$	0.00941	75	H_2O-苯	0.0350	293
$O_2(l)$	0.01648	77	Hg-苯	0.3570	293

思考题

2-7　为什么液体表面张力随温度升高而降低?

　　液体分子之间的距离要比气体分子之间的距离小得多，所以液体分子彼此之间是受分子力约束的，在一般情况下分子不容易逃逸。液体分子一般只在平衡位置附近做无规则振动，在振动过程中各分子的能量将发生变化。然而要研究清楚液体的结构并非易事。根据 pH 与溶液中存在的各物种的化学平衡关系，计算出物种分布和物化性质随温度、浓度和阳离子的变化规律，然后用同步辐射衍射仪反射法测定溶液的衍射数据，最后结合光谱学及计算机模拟结果，通过几何模型给出溶液中各种化学键长，推测出液体结构。这是研究液体结构的前沿课题。

1. 液体的蒸发

在液体中分子互相碰撞时，分子的动能会连续变化。液体分子的能量分布与气体分子相似，见式(2-52)。但总体上有些分子瞬时具有相对较高的能量，而有些分子具有相对较低的能量。靠近液面具有高能量的分子可以克服周围分子的引力从液面逸出，此现象称为蒸发(evaporation)。在一定温度下，蒸发 1 mol 液体所吸收的总热量称为该液体的摩尔蒸发焓(molar enthalpy of vaporization)，用符号$\Delta_{vap}H_m$ 表示，单位为 kJ·mol^{-1}。通常把$\Delta_{vap}H_m$规定为正常沸点下的气化焓(表 2-9)。当蒸气凝聚成液体时，两相间的焓差就以热的形式释放出来，其热效应称为摩尔凝聚热(mole of condensation heat)，它在数值上等于摩尔蒸发焓。

表 2-9　正常沸点下液体的摩尔蒸发焓和固体的摩尔熔化焓

液体或固体	正常沸点 t_b/℃	$\Delta_{vap}H_m$/(kJ·mol^{-1})	熔点 T_m/℃	$\Delta_{fus}H_m$/(kJ·mol^{-1})
水	100.0	40.67	0.0	6.03
苯	80.1	30.35	5.5	9.83
乙醇	78.5	38.57	−117.2	4.60
四氯化碳	76.7	30.0	−22.9	2.51
氯仿	61.3	29.37	−63.5	9.20
二硫化碳	46.3	26.78	−112.1	4.39

思考题

2-8　为什么温度升高到临界温度时，液体的蒸发焓为零？

2-9　为什么人体通过表面皮肤的汗水蒸发可以在炎热天气保持体温恒定？

2. 液体的饱和蒸气压

液体在密闭的容器中蒸发时，蒸气分子不能远离液体，有的蒸气分子会撞击液体液面而被液体俘获重新回到液体中：

$$H_2O(l) \underset{凝聚}{\overset{蒸发}{\rightleftharpoons}} H_2O(g)$$

当蒸发速率与凝聚速率相等时，液相与气相达到平衡，气相中蒸气分子的浓度恒定不变。把一定温度下与液体处于相平衡的蒸气所具有的压力称为饱和蒸气压(saturated vapor pressure)。同一物质在不同温度下有不同的蒸气压,蒸气压随着温度的升高而增大。

3. 液体的沸点

观察液体的蒸气压-温度曲线,如图 2-23,当达到一定温度时,产生的蒸气压力等于外界压力时,整个液体内部冒出大量气泡,气泡上升至液面,随即破裂而逸出,这种现象称为沸腾(boiling)。液体沸腾的条件是液体的蒸气压等于外界压力,沸腾时的温度称为液体的沸点(boiling point)。如果外界压力为 101.325 kPa,液体的沸点称为正常沸点(normal boiling point)。如果增大外界压力,沸点就高于正常沸点;反之,减小外界压力,沸点就会低于正常沸点。例如,高原地区的食品难以煮熟,就需要使用高压锅蒸煮食物。减压蒸馏化合物也是这个道理。

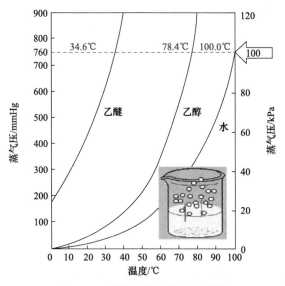

图 2-23　液体的蒸气压-温度曲线

液体的沸点与压力的关系可近似地用下式表示:

$$\lg p = A + B/T \tag{2-60}$$

式中,p 为液体表面的蒸气压;T 为溶液沸腾时的热力学温度;A、B 为常数。如果以 $\lg p$ 为纵坐标,$1/T$ 为横坐标,可近似得到一条直线。从二元组分已知的压力和温度可算出 A、B 的数值,再将所选用的压力代入式(2-60),即可求出液体在该压力下的沸点。

但是，实际上许多物质的沸点变化是由分子在液体中的缔合程度决定的。有时在文献中查不到与减压蒸馏选择的压力相应的沸点。因此，在实际操作中经常使用图 2-24 估计某种化合物在某一压力下的沸点。例如，某一化合物常压时沸点为 200℃，欲减压至 4.0 kPa(30 mmHg)，求它相应的沸点。可先在图 2-24 中间的直线上找出其常压时的沸点 200℃，然后将此点与右侧直线上的 30 mmHg 处的点连接成一条直线，延长此直线与左边的直线相交，交点 100℃即表示该物质在 4.0 kPa 时的近似沸点。利用此图也可以反过来估算常压下的沸点和减压时要求的压力。

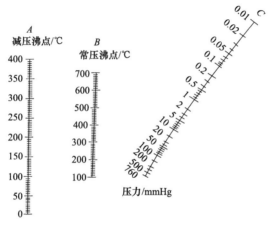

图 2-24　溶液沸点与压力关系图

4. 液体的凝固点

随着液体温度降低，分子运动逐渐变慢，当温度降低到分子所具有的平均动能不足以克服分子间的引力时，分子固定在晶格点上，此时物质开始凝固。

液体的正常凝固点是 101.325 kPa 下液相与固相达到平衡时的温度。达到凝固点时，固-液平衡体系的温度一直保持恒定，直到液体完全凝固为止。在凝固点时，1 mol 物质完全凝固所放出的热量称为该物质的摩尔凝固焓(molar enthalpy of solidification)。凝固过程是蒸发过程的逆过程，所以摩尔凝固焓可用$-\Delta_{fus}H_m$表示，单位为 kJ·mol^{-1}。

例题 2-5

采用减压蒸馏精制苯酚。已知苯酚的正常沸点为 455.1 K，如果外压为 1.333×10^4 Pa，酚的沸点为多少？已知 $\Delta_{vap}H_m = 48.139$ kJ·mol^{-1}。

解
$$p_1=1.013\times10^5 \text{ Pa}$$

$$p_2=1.333\times10^4 \text{ Pa}$$

$$\Delta_{vap}H_m = 48.139 \text{ kJ} \cdot \text{mol}^{-1}$$

$$R=8.314 \text{ J} \cdot \text{K}^{-1} \cdot \text{mol}^{-1}$$

代入描述两个不同温度下蒸气压关系的克拉佩龙-克劳修斯方程：

$$\lg\frac{p_1}{p_2} = -\frac{\Delta H}{2.303R}\left(\frac{1}{T_1} - \frac{1}{T_2}\right)$$

$$\lg\frac{1.013\times10^5}{1.333\times10^4} = \frac{48139}{2.303\times8.314}\left(\frac{1}{T_1} - \frac{1}{455.1}\right)$$

得
$$T_1=393 \text{ K}$$

因此，酚的沸点为 393 K。

2.2.2 溶液浓度的表示方法

溶液浓度是指给定量的溶剂或溶液中溶解的溶质的量。可以说，溶液中溶质的量越大，浓度就越大。溶液浓度既可以定性表达，也可以定量表达。通常所称的稀溶液或浓溶液属于定性表达，前者是指溶质浓度相对较小的溶液，后者则指溶质浓度相对较大的溶液，但对"较小"和"较大"没有明确界定。

定量表达方法有多种。例如，硫酸试剂标签上标出的浓度为 98%，是指 100 g 硫酸溶液中含有 98 g H_2SO_4。这样表示的浓度为质量分数，工业上使用较广泛。溶液浓度有时也用体积分数表达。例如，汽车水箱防冻液的体积分数为 25.0%，是将 25.0 mL 甲醇用水稀释至 100 mL 得到的。用溶质质量和溶液体积组合表示浓度。例如，浓度为 0.9% 的 NaCl 注射液是指 100 mL 溶液中溶有 0.9 g NaCl。

本节介绍四种表示浓度的物理量，分别是物质的量浓度、质量摩尔浓度、摩尔分数和质量分数。由于前三种表示方法都以物质的量为基础，首先介绍物质的量(amount of substance)概念。它是国际单位制的 7 个基本物理量之一，符号为 n。物质的量定义为该物质的质量(m)除以它的摩尔质量(M)：

$$n(B) = \frac{B物质的质量}{B物质的摩尔质量} = \frac{m(B)}{M(B)} \tag{2-61}$$

例如，样品 $O_2(g)$ 的质量为 128.0 g，相应的物质的量为

$$n(O_2) = m(B)/M(B) = 128.0 \text{ g}/32.0 \text{ g} \cdot \text{mol}^{-1} = 4.00 \text{ mol}$$

1. 物质的量浓度

溶液中 B 物质的物质的量浓度(molarity)定义为

$$c(B) = \frac{B的物质的量}{溶液的体积} = \frac{n(B)}{V(\text{sol})} \tag{2-62}$$

式中，c 为物质的量浓度符号，单位常用 $\text{mol} \cdot \text{L}^{-1}$ 或 $\text{mol} \cdot \text{dm}^{-3}$。物质的量浓度表达的是 1 L 溶液中溶质的物质的量，它是化学上使用较频繁的浓度表达方式，常简称为浓度(concentration)。

2. 质量摩尔浓度

溶液中 B 溶质的质量摩尔浓度(molality)定义为

$$b(B) = \frac{溶质B的物质的量}{溶剂的质量} = \frac{n(B)}{m(\text{solv})} \tag{2-63}$$

式中，b 为质量摩尔浓度的符号，单位为 $\text{mol} \cdot \text{kg}^{-1}$。质量摩尔浓度表达的是 1 kg 溶剂中溶质的物质的量。

当溶剂为水时，1 L 稀溶液的质量接近 1 kg。这意味着，如果溶质的量相同，式(2-62)中的 $c(B)$ 与式(2-63)中的 $b(B)$ 在数值上将十分接近。那么，既然有了物质的量浓度，为什么还要定义出一个质量摩尔浓度呢？因为前者是以溶液的体积为基础定义的，而后者则以溶剂的质量为基础定义。

以体积为基础的溶液浓度受温度变化影响。如图 2-25 所示，如果在 25℃ 的室温下使用 20℃ 时按物质的量浓度配制的溶液，实际浓度就会低于标签浓度，给结果带来误差。物质的量浓度通常只用于化学计量测量，如滴定分析。在这类测量中，温度变化带来的误差往往不会超出方法本身的误差范围。质量摩尔浓度不随温度变化而变化，不会带来类似问题。

下面介绍的摩尔分数也不受温度影响，对于高精确度的测量如溶液依数性的测量，则要使用摩尔分数。

3. 摩尔分数

溶液中 B 物质的摩尔分数(mole fraction)定义为

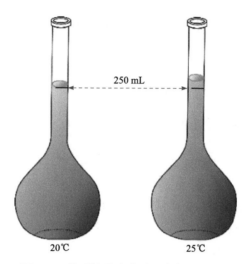

250 mL

20℃ 25℃

图 2-25 物质的量浓度随温度变化而变化

$$x(B) = \frac{B物质的物质的量}{各物质的物质的量之和} = \frac{n(B)}{n(A) + n(B) + \cdots} \tag{2-64}$$

式中，x 为摩尔分数的符号。摩尔分数没有单位，量纲为一。显而易见，溶液中所有组分的摩尔分数之和为 1。

4. 质量分数

B 物质的质量分数(mass fraction)定义为

$$w(B) = \frac{B物质的质量}{混合物的质量} \tag{2-65}$$

式中，w 为质量分数的符号，没有单位，量纲为一。化学上常用质量分数表示混合物(包括溶液和非均相混合物)样品中某物质的含量。例如，2.5 g 某纯碱试样中含 Na_2CO_3 2.0 g，该样品中 Na_2CO_3 的质量分数 $w(Na_2CO_3) = 0.80$。质量分数也用来表示纯化合物中某组成元素的含量。

> **思考题**
>
> 2-10 对于稀溶液，为什么可以近似地用物质的量浓度代替质量摩尔浓度？

2.2.3 溶液的依数性

溶质的溶解是物理化学过程,溶解过程中溶质和溶剂的某些性质发生了变化。

这些性质变化分为两类：第一类性质变化取决于物质的本性；第二类性质变化仅与溶质的量有关而与溶质的种类无关。第二类性质变化适用于难挥发的非电解质的稀溶液，所以又称稀溶液依数性(colligative property of dilute solution)或稀溶液通性。

1. 溶液的蒸气压下降

首先介绍溶液的蒸气压下降(vapor pressure lowering)及其原理，从而为讨论其他几种依数性做铺垫。

在图 2-26 中，钟罩(a)下方的烧杯盛有一定体积的纯水。液体中的水分子不断离开表面进入气相，气相的水分子也不断回到液体表面，最终达到平衡状态。平衡状态下，钟罩里水蒸气的分压就是该温度下水的蒸气压。钟罩(b)下方的烧杯盛有相同体积的葡萄糖水溶液，该系统也以同样的过程到达平衡。平衡状态下，钟罩里水蒸气的分压是该温度下溶液的蒸气压，它小于钟罩(a)下方纯溶剂的水的蒸气压。可解释为：溶剂的部分表面被溶质所占据，因此在单位时间内逸出液面的溶剂分子数就会相应减少，使得达到平衡时，溶液的蒸气压必然低于纯溶剂的蒸气压。钟罩(c)下方的两个烧杯分别盛有等体积的溶剂和溶液。当蒸气压对溶剂呈饱和状态时，对溶液已呈过饱和状态，从而导致水分子从纯溶剂到溶液的净移动。溶剂杯中的液面逐渐下降，溶液杯中的液面则不断上升。钟罩(d)显示最终状态。只要时间足够长，溶剂杯中的水会全部转移到溶液杯中，使溶液杯中的液体体积加倍。

图 2-26　溶液的蒸气压小于纯溶剂的蒸气压

溶液的蒸气压低于纯溶剂的蒸气压，其压差是导致上述转移的驱动力。同一空间存在两个趋向平衡的过程，当纯水通过形成水蒸气试图达到自身的气-液平衡时，就为葡萄糖溶液创造了条件，让更多的气体水分子回到溶液的液面。尽管移动过程中葡萄糖溶液的浓度越来越低，但终归还是溶液。由于溶液的蒸气压总是低于纯溶剂的蒸气压，上述溶剂分子的净移动过程能够持续，直到纯溶剂被耗尽。

理想溶液的蒸气压用拉乌尔定律(Raoult's law)表达：溶液上方由溶剂产生的分压等于纯溶剂的蒸气压乘以溶液中溶剂的摩尔分数。数学表达式为

$$p = x(A)p^0 \tag{2-66}$$

式中，p 为溶液的蒸气压；p^0 为纯溶剂的蒸气压；$x(A)$为溶剂的摩尔分数。由于 $x(A)<1$，所以 $p<p^0$。实际溶液特别是浓度较大的溶液不能精确地服从拉乌尔定律。

溶液蒸气压降低的性质是一种依数性：在一定量的水中，或溶解 1.0 mol 葡萄糖($C_6H_{12}O_6$，非电解质)，或溶解 1.0 mol 乙二醇[$C_2H_4(OH)_2$，非电解质]，其蒸气压下降程度大体相同。

拉乌尔定律有两个推论：

(1) 设 $x(B)$为溶质的摩尔分数，由于 $x(A) + x(B)=1$，则 $p = p_A^0[1 - x(B)]$，$p_A^0 - p = p_A^0 x(B)$，即

$$\Delta p = p_A^0 x(B) \tag{2-67}$$

因此，拉乌尔定律也可以描述为：在一定温度下，难挥发电解质稀溶液的蒸气压下降值 Δp 和溶质的摩尔分数成正比(图 2-27)。

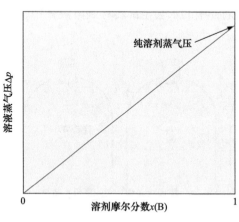

图 2-27 Δp-$x(B)$关系图

(2) 对于水溶液，当 n(溶剂)= 1000 g/(18 g · mol^{-1}) = 55.56 mol 时，n(溶质) = b(溶质)，即 x(溶质) = n(溶质)/n(溶剂) = b(溶质)/55.56。

令 K= 1/55.56，则 x(溶质)=Kb。因此，稀溶液中溶质的摩尔分数与其质量摩尔浓度成正比。拉乌尔定律又可以这样描述：在一定温度下，难挥发电解质稀溶

液的蒸气压下降值 Δp 和溶质的质量摩尔分数成正比，即

$$\Delta p = p_A^0 x(B) = p_A^0 Kb \tag{2-68}$$

例题 2-6

已知 20℃时水的饱和蒸气压为 2.33 kPa。将 17.1 g 蔗糖($C_{12}H_{22}O_{11}$)与 3.00 g 尿素[$CO(NH_2)_2$]分别溶于 100 g 水中。计算形成溶液的蒸气压。

解　两种溶质的摩尔质量是 M_1=342 g·mol^{-1} 和 M_2=60.0 g·mol^{-1}

$$b_1 = \frac{17.1\,g}{342\,g\cdot mol^{-1}} \times \frac{1000\,g\,H_2O}{100\,g\,H_2O} = 0.500\,mol\cdot kg^{-1}$$

$$b_2 = \frac{3.00\,g}{60.0\,g\cdot mol^{-1}} \times \frac{1000\,g\,H_2O}{100\,g\,H_2O} = 0.500\,mol\cdot kg^{-1}$$

两种溶液中水的摩尔分数相同：

$$x_{H_2O} = \frac{55.5}{55.5 + 0.5} = 0.991$$

两种溶液的蒸气压均为

$$p = 2.33\,kPa \times 0.991 = 2.31\,kPa$$

因此，溶液的蒸气压为 2.31 kPa。

2. 溶液的沸点升高和凝固点降低

溶液沸点升高(elevation of boiling point)和凝固点降低(freezing point lowering)是蒸气压下降的必然结果。这里用水和水溶液的相图(图 2-28)比较做说明[169-171]。

图 2-20 中已讲述了水的相图，并详细分析了它的三个单相面、三条两相平衡线和一个三相点。

溶液的相图也由 3 条曲线构成(图 2-28)。曲线 $A'B'$、$A'C'$、$A'D'$ 的含义分别与曲线 AB、AC、AD 相类似，A' 是溶液相图的三相点。可将图 2-28 看作水的相图与溶液的相图在纸面上的叠加。从叠加图上发现，曲线 $A'D'$ 与曲线 AD 的低温段相重叠。造成这种重叠的原因是，从水溶液析出的固体也是纯冰，而不是凝固的溶液。在这里固相与气相之间的平衡依然是冰与水蒸气之间的平衡。

曲线 AB 上的任一点表示一定温度下的水蒸气压，当水蒸气压为标准态压力 101.325 kPa 时，对应的温度理应是水的标准沸点。溶液的蒸气压下降导致曲线 $A'B'$ 只能处于曲线 AB 的下方，要使其蒸气压达到标准态压力，只能期待更高的温度。图中用 ΔT_b 表示沸点升高值。

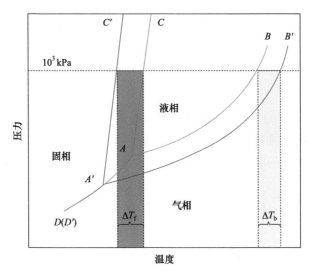

图 2-28　水和水溶液的相图

　　纯水的凝固点和水溶液的凝固点应当是图中水平虚线与曲线 AC 和曲线 $A'C'$ 的两个交叉点对应的温度。而凝固点是上升或是下降，则取决于曲线 AC 和 $A'C'$ 的相对位置。

　　两条曲线的重要特征之一是，都从各自的三相点出发向上延伸。由于溶液的蒸气压曲线 $A'B'$ 处于水的蒸气压曲线 AB 下方，与曲线 $A'D'$ 或 AD 只能在更低的温度相交。即溶液的三相点温度低于水的三相点温度，这正好能说明溶液的凝固点下降，图中用 ΔT_f 表示。

　　沸点升高值和凝固点降低值均正比于溶液的质量摩尔浓度 b：

$$\Delta T_b = K_b\, b \tag{2-69}$$

$$\Delta T_f = K_f\, b \tag{2-70}$$

式中，K_b 和 K_f 分别为溶剂的沸点升高常数(boiling point elevation constant)和凝固点降低常数(freezing point depression constant)，分别代表 $b = 1\ \text{mol} \cdot \text{kg}^{-1}$ 时沸点的升高值和凝固点的降低值。不同溶剂的 K_b、K_f 各不相同，表 2-10 给出几个例子。

表 2-10　几种溶剂的沸点升高常数和凝固点降低常数

溶剂	$K_b/(\text{K} \cdot \text{mol}^{-1} \cdot \text{kg})$	$K_f/(\text{K} \cdot \text{mol}^{-1} \cdot \text{kg})$	溶剂	$K_b/(\text{K} \cdot \text{mol}^{-1} \cdot \text{kg})$	$K_f/(\text{K} \cdot \text{mol}^{-1} \cdot \text{kg})$
乙酸	3.07	3.90	苯酚	3.56	7.27
苯	2.53	5.12	水	0.512	1.86
硝基苯	5.24	8.1	三氯甲烷	3.63	4.68

沸点升高值和凝固点降低值与溶质的性质无关。例如，$K_b(H_2O)$ = 0.512 $K \cdot mol^{-1} \cdot kg$，不论是 1 $mol \cdot kg^{-1}$ 的蔗糖水溶液还是 0.5 $mol \cdot kg^{-1}$ 的 NaCl 水溶液，其沸点均比纯水沸点高出 0.52 K。

思考题

　2-11　NaCl 是强电解质，它能适用于难挥发的非电解质稀溶液依数性的各定量公式吗?

3. 溶液的渗透压

有些多孔性膜(包括生物膜和合成膜)与溶液接触时，只允许某些粒子如特定的分子或离子通过而阻挡了另外一些粒子，这种性质称为半透性(semipermeability)。允许通过的粒子往往是体积较小的粒子如溶剂水分子，被阻挡的往往是体积较大的溶质分子或离子。

图 2-29 用来讨论溶液的渗透压。

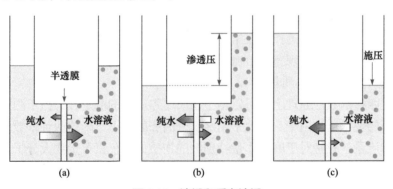

图 2-29　渗透和反向渗透

图 2-29(a)中 U 形管的右臂装有某种溶质的水溶液，被半透膜隔开的左臂则装有同体积的水，左右两臂的 H_2O 分子都可以穿越半透膜而迁移。由于左臂中 H_2O 的浓度(质量分数等于 1)大于右臂中 H_2O 的浓度(质量分数小于 1)，自左向右的穿越速率将大于反方向的穿越速率。

图 2-29(b)给出迁移的净结果:右臂液面升高,左臂液面下降。尽管左臂中 H_2O 的浓度永远大于右臂中 H_2O 的浓度，却无法再现图 2-26 中发生的全部转移。因为随着左、右两臂液面差的逐渐增大，压力差也逐渐增加，最终导致 H_2O 分子以相同的速率从不同方向穿越半透膜。将这种平衡状态下的压差称为该溶液的渗透压(osmotic pressure)。溶液浓度越大，渗透压越大。定量表达式为

$$\Pi = cRT \tag{2-71}$$

式中，c 为物质的量浓度；R 为摩尔气体常量；T 为热力学温度。

图 2-29(c)表示了海水脱盐的原理与渗透作用密切相关。如果 U 形管右臂的溶液是海水，而且在其上方施加的压力大于渗透压，则可导致 H_2O 分子发生自右至左的净迁移，即发生反渗透(reverse osmosis)。利用反渗透原理可在紧急状态下为海员提供饮用水，也可用于向居民正常供水。反渗透还可用于净化工业污水和生活污水，在排放前脱除溶解于其中的物质。

4. 溶液依数性的应用

不论在实验室还是在日常生活中，溶液的依数性都得到了广泛的应用。例如，食盐可使水的凝固点下降 21℃或更多，如果实验需要的低温不低于-21℃，食盐和冰的混合物将是一种方便的选择。依据同样的原理，食盐被用作道路的融雪剂，醇(如甲醇、乙醇、乙二醇、甘油等)的水溶液作为汽车的防冻液。再如，渗透作用会使放在水中的蔫萝卜重新坚挺；放在食盐水中的黄瓜通过渗透作用失水并皱缩；用食盐腌制咸肉时，涂抹在肉品表面的盐会使细菌细胞通过渗透失水而皱缩，并最终导致细菌死亡。渗透作用在生命系统中起着非常重要的作用，如红血细胞在输液过程中发生的皱缩现象和溶血现象。

1) 测定分子的摩尔质量

上述四种依数性原理上都可以用于物质摩尔质量的测定，但由于测定蒸气压和渗透压的技术比较困难，因此常用沸点升高和凝固点下降这两种依数性测定溶质的摩尔质量，只是对于摩尔质量特别大的物质如血色素等生物大分子才采用渗透压法。

例题 2-7

把 1.09 g 葡萄糖溶于 20 g 水中所得的溶液在 101325 Pa 下沸点升高了 0.156 K。求葡萄糖的摩尔质量 M。

解 查表得水的 $K_b = 0.512$ K·mol^{-1}·kg，由公式 $\Delta T_b = K_b b$ 得

$$0.156 \text{ K} = 0.512 \text{ K} \cdot mol^{-1} \cdot \text{kg} \times \frac{1.09 \text{ g}/M}{(20/1000)\text{kg}}$$

$$M = \frac{1.09 \times 0.512}{0.02 \times 0.156} \text{g} \cdot mol^{-1} = 179 \text{ g} \cdot mol^{-1}$$

因此，葡萄糖的摩尔质量为 179 g·mol^{-1}。

2) 制作防冻剂和冷冻剂

溶液的凝固点降低原理在实际工作中很有用处。在严寒的冬天，为防止汽车水箱冻裂，常在水箱中加入甘油或乙二醇以降低水的凝固点，这样可以防止水箱中的水因结冰而体积膨大，胀裂水箱。

例题 2-8

为防止汽车水箱在寒冬季节冻裂，需使水的凝固点下降到 253 K，则在每 1000 g 水中应加入甘油多少克？甘油的分子式为 $C_3H_8O_3$，$M = 92\ g \cdot mol^{-1}$。

解　$\Delta T_f = 20.0\ K$，根据公式 $\Delta T_f = K_f b$

$$b = \Delta T_f / K_f = 20.0\ K/1.86\ K \cdot mol^{-1} \cdot kg = 10.75\ mol \cdot kg^{-1}$$

依据题意，1000 g 水中应加入 10.75 mol 甘油，其质量为

$$10.75\ mol \times 92\ g \cdot mol^{-1} = 989\ g$$

因此，在每 1000 g 水中应加入甘油 989 g。

3) 配制等渗输液

渗透现象在许多生物过程中有着不可缺少的作用。特别是人体静脉滴注所用的输液(如葡萄糖等)都应与血液具有同样的渗透压(约 780 kPa)，否则人体细胞将遭到破坏。

例题 2-9

临床使用的葡萄糖($C_6H_{12}O_6$，分子量 180)等渗液的凝固点降低值为 0.543℃，溶液的密度为 1.085 g · cm^{-3}。试求此葡萄糖溶液的质量分数和 37℃时人体血液的渗透压。

解　依据公式 $\Delta T_f = K_f b$

$$b = \Delta T_f / K_f = 0.543\ K/(1.86\ K \cdot mol^{-1} \cdot kg) = 0.292\ mol \cdot kg^{-1}$$

此葡萄糖溶液的质量分数为

$$\frac{0.292 \times 180}{0.292 \times 180 + 1000} \times 100\% = 4.99\%$$

因为　$c = \dfrac{0.292}{(0.292 \times 180 + 1000)/1.085} \times 1000 = 0.301 (mol \cdot dm^{-3})$

$$\Pi = cRT = 0.301 \times 8.314 \times 310.15 = 776.15\ (kPa)$$

所以，葡萄糖溶液的质量分数为 4.99%，37℃时人体血液的渗透压为 776.15 kPa。

2.3　固　　体

组成固体的微粒间距离很小，作用力很大，固体内部的原子、分子或离子间具有很强的吸引力，粒子在各自的平衡位置附近做无规律的振动(图 2-30)。固体能保持一定的体积和形状，流动性差，一般不存在自由移动的离子，它们的导电性通常由自由移动的电子引起。在受到不太大的外力作用时，固体的体积和形状改变很小。

图 2-30　粒子在固体中的排列情况

结构测定表明：有的固体其微粒排列是有规律的，称为晶体(crystal)；有的固体其微粒的排列则毫无规律，称为非晶体(amorphous matter)，也称无定形体(amorphous form)。完整的固体分类还应该包括准晶体(quasicrystal solid)，如图 2-31 所示。

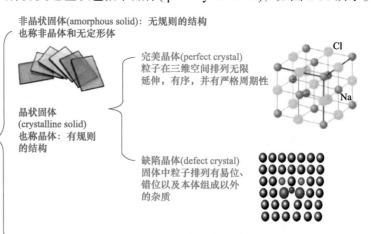

图 2-31　固体的分类

能源、信息和材料是现代社会发展的三大支柱，而材料又是能源和信息的物质基础。绝大多数材料的使用形态是固体材料，晶体结构又是固体结构描述的基础。因此研究晶体的结构十分重要。

2.3.1　晶体

1. 晶体的宏观特征

晶体是内部质点在三维空间呈周期性重复排列的固体。晶体有以下几个鲜明的特征。

1) 自范性

所有晶体均具有能自发地形成封闭的几何多面体外形的性质。晶体生长过程中自发地形成晶面，晶面相交成为晶棱，晶棱会聚成顶点，从而具有能够形成多面体外形的特点(图 2-32)，这就是晶体的自范性。规则的几何多面体外形表明晶体内部结构是规则的。由于受外界条件的影响，往往同一种晶体物质的各种不同样品的外形可能不完全一样。因此，晶体的外形不是晶体品种的特征属性。例如，大家熟知的食盐晶体在盐水溶液中正常结晶条件下呈立方晶体，在含有尿素的母液中结晶时，则呈现出削去顶角的立方体甚至八面体(图 2-33)。

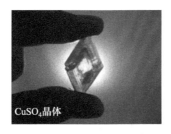

雪花晶体　　CuSO₄晶体　　矿石晶体

图 2-32　不同晶体的外形

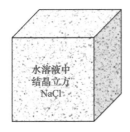

水溶液中结晶立方 NaCl　　含尿素水溶液中结晶削角立方 NaCl

图 2-33　不同环境下食盐晶体的外形

晶体的封闭多面体的凸多面体的晶面数 F、晶棱数 E 和顶点数 V 相互间符合欧拉公式(Euler's formula)[172]:

$$F + V = E + 2 \tag{2-72}$$

正四面体、正八面体、立方体、正十面体和正十二面体的顶点、棱和面数的关系如图 2-34 所示。

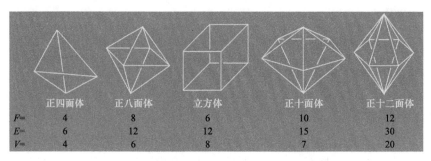

图 2-34　封闭凸多面体的顶点、棱和面数关系

在适当条件下晶体能自发地围成一个凸多面体形的单晶体。围成的多面体的面称为晶面。1669 年，丹麦学者斯丹诺(N. Steno)对石英(SiO_2)和赤铁矿(Fe_2O_3)晶体的研究发现，同一物质的不同晶体在同一温度和压力下晶面的数目、大小、形状可能有很大的差别，但对应的晶面之间的夹角是恒定的，称为晶面交角守恒定律(conservation law of crystal plane)。例如，石英晶体根据结晶条件不同，可有各种几何外形(图 2-35)，但对应晶面之间的夹角是不变的。晶体的晶面相对大小和外形都是不重要的，重要的是晶面的相对方向。因此，可以采用晶面法线的取向表征晶面的方位，而用共顶点的晶面法线的夹角表示晶面之间的夹角。这一定律的发现对结晶学发展的影响深远，为几何结晶学一系列规律的研究打下了基础，并给晶体内部结构的探索以有益的启发。由此也可以看出，对晶体的研究最初是以测量晶面夹角即晶体测量开始的。

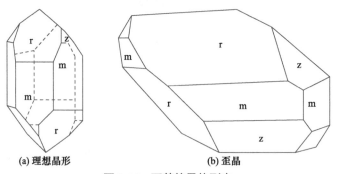

图 2-35　石英的晶体形态

2) 均匀性

在宏观情况下，晶体内部各个部分的物理性质和化学性质都是相同的，这种

性质称为晶体的均匀性，如相同的密度、相同的化学组成等(图 2-36)。晶体的均匀性来源于晶体中质点排布的周期很小，宏观观察分辨不出微观的不连续性。气体、液体和玻璃体也有均匀性，但那是来源于质点杂乱无章地分布，均匀性是质点无序分布的统计结果。

图 2-36　晶体具有光学均匀性

3) 各向异性

晶体的宏观物理性质是各向异性的。各向异性是指同一晶体在不同方向上具有不同的物理性质(图 2-37)。例如，在不同方向上具有不同的电导率、不同的热膨胀系数、不同的折光率、不同的压电性能及不同的机械强度等，石墨的横向导电能力约是竖向的 10000 倍。晶体的这种性质表明晶体内部的规则性在不同方向是不一样的。一般情况下在周期性结构中，不同方向上质点的排列情况不同，因此在物理性质上具有各向异性。

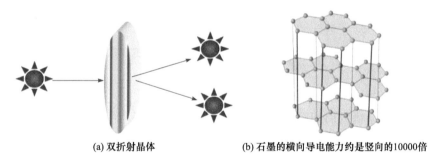

(a) 双折射晶体　　　　　　(b) 石墨的横向导电能力约是竖向的10000倍

图 2-37　晶体具有各向异性

玻璃等非晶态物质则不会出现各向异性，而是各向同性。例如，玻璃的折光率和热膨胀系数等一般不随测定的方向而改变。

4) 对称性

晶体往往具有明显的、高度的对称性。晶体的对称性可以分为宏观和微观两种。晶体的宏观对称性可以从晶体的外形上表现出来——晶面、晶棱、顶角有规律地重复。晶体具有各向异性，但并不排斥在某些特定的方向上性质相同。这是因为在晶体的格子构造中，这些方向质点的排列是一样的，这就是晶体的对称性。晶体的对称性是晶体极其重要的性质。所有晶体都具有对称性(质点在三维空间有规律的重复——格子构造所决定的)。晶体的对称性不仅体现在外形上，也体现在物理性质上，即不仅包含几何意义，还包含物理化学意义。

5) 有确定的熔点

晶体具有周期性结构，长程有序。晶体熔化过程是晶体长程序解体的过程。破坏长程序所需的能量就是熔化热，所以晶体具有特定的熔点。反之，也说明晶体内部结构的规则性是长程有序的。

玻璃体没有一定的熔点。在加热玻璃时，由于玻璃中的质点排列杂乱无章，不同部位熔融所需温度不同，玻璃体只有一个玻璃化转变温度(glass transition temperature)。升高到一定温度，玻璃体先软化，黏度逐渐变小，可流动，最后变为液体(图 2-38)。

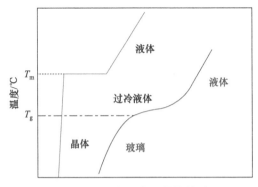

图 2-38　晶体和非晶体的熔融

6) 对 X 射线、电子流和中子流的衍射

由于晶体结构的周期尺寸与 X 射线、电子流和中子流的波长相当，可以作为三维光栅，使 X 射线、电子流和中子流发生衍射效应。这些衍射法能获得有关晶体结构可靠而精准的数据。尤其是晶体的 X 射线衍射成为了解晶体内部结构的重要实验方法，利用 X 射线衍射图还揭开了 DNA 的双螺旋结构之谜(图 2-39)[173]。非晶体物质没有周期性结构，只能产生散射效应，得不到衍射图像。

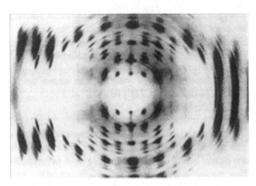

图 2-39　DNA 的 X 射线衍射图

上述晶体的特性是晶体内部质点排列的周期性决定的,是各种晶体所共有的,是晶体的基本性质。无定形固体不具有上述特点。

2. 晶体的分类

根据晶体中微粒之间相互作用的性质,可将晶体分为以下 4 种基本类型。

(1) 金属晶体:金属晶体中微粒之间的相互作用是金属键。金属键既无方向性,也无饱和性,因此金属原子总是与尽可能多的其他金属原子结合。金属原子的配位数都很高,作用力大小由金属键的强弱决定。这类晶体熔点、沸点高,硬度大,不溶于水,一般具有良好的导电性和延展性。

(2) 离子晶体:离子晶体中微粒之间的相互作用是离子键。离子键无方向性,也无饱和性,在离子周围可以尽量多地排列异号离子,而这些异号离子之间也存在斥力。由于离子键的作用很强,离子晶体的熔点、沸点高,离子不能在晶体中自由移动,因此导电性差。

(3) 分子晶体:分子晶体中基本微粒为小分子,微粒之间的相互作用是分子间作用力。这类晶体的特点是:熔点、沸点低,硬度小,导电性差,无网状氢键时多具有柔性,有网状氢键时则显脆性,水溶性视其极性而定。

(4) 原子晶体:原子晶体中基本微粒为原子,微粒之间的相互作用是共价键。这类晶体的特点是:熔点、沸点高,硬度大,无延展性,导电性一般较差,不溶于水。

2.3.2　非晶体

内部原子或分子呈现杂乱无章的分布状态的固体为非晶体,又称无定形体,如玻璃、沥青、石蜡等。非晶体不具备晶体的三大特点,如晶体受热有固定熔点 T_m,而非晶体没有固定的熔点,这是因为非晶体内部分子或原子的排列不规则,吸收热量后不需要破坏其空间点阵,只用来提高平均动能,所以当从外界吸收热量时,非晶体由硬变软,最后变成液体,只存在一个玻璃化转变温度 T_g(图 2-38)。单一波长的 X 射线通过非晶体时,不会在记录仪上看到分立的斑点或明锐的谱线。

非晶体包括非晶态电介质、非晶态半导体、非晶态金属。它们有特殊的物理、化学性质,如金属玻璃(非晶态金属)比一般(晶态)金属的强度高、弹性好、硬度和韧性高、抗腐蚀性好、导磁性强、电阻率高等。例如,萨克尔(K. Saksl)等[174]制备了非常低密度的共晶化合物 $Ca_{72}Mg_{28}$(图 2-40)。它是复杂的可生物降解合金的前驱体，可作为可生物吸收合金用于矫形。这项研究使非晶态固体的应用更加广泛。

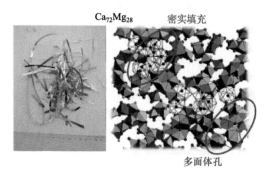

图 2-40　可生物降解金属玻璃的原子结构

研究无机化学的物理方法介绍

X 射线结构分析

一、X 射线结构分析原理

X 射线衍射分析是利用晶体形成的 X 射线衍射，对物质内部原子在空间分布状况进行分析的方法。每种晶体都有其特有的结构参数，包括点阵类型、晶胞大小、晶胞中粒子的数目及位置等。将具有一定波长的 X 射线照射到晶体上时，X 射线因在晶体内遇到规则排列的原子或离子而发生散射，散射的 X 射线在某些方向上相位得到加强，从而显示与晶体结构相对应的特有的衍射现象(图 2-41)。用于 X 射线衍射的辐射源通常是以铜、钼、铁、铬等元素为阳极靶材料的真空管，一般多采用靶元素的 K_α 辐射，但为保证辐射的单色性，必须采用适当的滤光片，用以去除 K_β 辐射，如铜靶配镍滤光片衍射 X 射线必须满足布拉格方程(Bragg equation)：

$$2d \sin\theta = n\lambda \tag{2-73}$$

式中，λ 为 X 射线的波长；θ 为衍射角，即 X 射线与晶面的夹角，称为布拉格角；d 为结晶面间距；n 为整数。

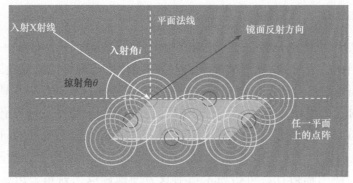

图 2-41　同一晶面上各个格点之间的干涉——点间干涉

衍射方向是由结构的周期性决定的，所以测定衍射方向可以确定晶胞的形状和大小；晶胞内非周期性分布的原子和电子的次生 X 射线也会产生干涉，这种干涉作用决定衍射强度，所以测定衍射强度可确定晶胞内原子的分布。

英国物理学家、现代固体物理学的奠基人之一威廉·亨利·布拉格(W. H. Bragg，1862—1942)与儿子威廉·劳伦斯·布拉格(W. L. Bragg，1890—1971)，父子俩的主要贡献都在 X 射线晶体学方面，并将 X 射线衍射理论和技术应用到无机化学、有机化学、土壤学、金属学和生物

亨利·布拉格　　　劳伦斯·布拉格

学等领域。1915 年，布拉格父子共同获得诺贝尔物理学奖。

在布拉格方程中，波长 λ 可用已知的 X 射线衍射角测定，进而求得面间距，即晶体内原子或离子的规则排列状态。将求出的 X 射线衍射强度和面间距与已知的表对照，即可确定试样晶体的物质结构，此即定性分析。从 X 射线衍射强度的比较可进行定量分析。晶体结构参数在 X 射线的衍射图样上均有所反映，这些信息可以通过感光胶片或计数器或 X 射线衍射仪记录，从而得到物质的衍射图样或衍射线条谱图。晶体衍射线条的数目、位置及其强度就像人的指纹一样，是物质的特征，因而可以成为鉴别物质(相)的标志。在混合物中，每种物质(相)的衍射线的强度与该物质(相)在混合物中的含量成正比。根据这一原理，还可以利用 XRD 实现对混合物中各组分含量的定量分析。

二、X 射线结构分析方法

X 射线衍射分析通常有粉末法和单晶法。

1. 粉末 X 射线结构分析

粉末法应用于多晶样品。当 X 射线衍射仪(图 2-42，图 2-43)的一束单色 X 射线照射到样品上时，在理想情况下，样品中晶体按各种可能的取向随机排列，各种点阵面也以各种可能的取向存在，对每套点阵面，至少有一些晶体的晶面取向与入射光束成布拉格角，于是这些晶面发生衍射。晶体中只有有限数目的晶面处于符合布拉格方程的位置，但当光束照射到大量的随机取向的微晶粒时，每组晶面即可产生一个衍射圆锥，由此可得到该样品衍射强度随 2θ 变化的衍射图。使用辐射计，可由粉末衍射仪方便地读取衍射角、衍射强度及面间距。

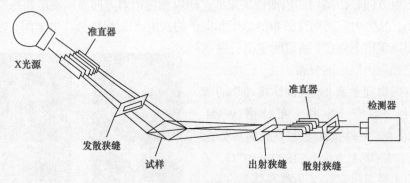

图 2-42　旋转阳极 X 射线衍射仪示意图

(a) X 射线衍射仪工作室　　　　　　　(b) 移动式 X 射线衍射仪

图 2-43　X 射线衍射仪

一张 X 射线粉末衍射图(图 2-44)可提供的被测样品信息有：① 晶格平面间距 d_{hkl}；② 衍射强度 I_{hkl}；③ 线宽，用 FWHM(峰值一半处的全宽度)值 $\beta_{1/2}$ 表示。

物相分析就是将在衍射实验中获得某样品的 d-I/I_0 数据、化学组成、样品来源与标准粉末衍射数据互相比较完成的。样品的化学组成和来源为估计数据可能

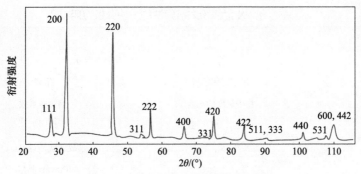

图 2-44　氯化钠的 X 射线粉末衍射图

出现的范围提供线索，减小分析的盲目性。标准粉末衍射数据指常用的 PDF(Powder Diffraction File) 卡片。图 2-45 为莫来石的 PDF 卡片。表 2-11 概括了粉末 X 射线结构分析的各种典型应用。

15-776

d	3.39	3.43	2.21	5.39		$3Al_2O_3 \cdot 2SiO_2$ ★				
I/I_0	100	95	60	50	Aluminum Silicate					

	$d(\text{Å})$	I/I_0	hkl	$d(\text{Å})$	I/I_0	hkl
Rad. CuK$_{a1}$ λ 1.5405 Filler Ni Dia.	5.39	50	110	1.7125	6	240
Cut off　　I/I_1　Diffractorneler	3.774	8	200	1.7001	14	321
Ref. National Burcau of Standards	3.428	95	120	1.6940	10	420
(U. S.) Monograph 25	3.390	100	210	1.5999	20	041
Set. 3(1964)	2.886	20	001	1.5786	12	401
Sys. Orthorhombic S. G. Pbam(55)	2.694	40	220	1.5644	2	141
a_0 7.5456　　b_0 7.6898　c_0 2.8842	2.542	50	111	1.5461	2	411
A_0.98124　　C_0.37506	2.428	14	130	1.5242	35	331
α　β　　γ　　Z 3/4　D_x 3.170	2.393	<2	310	1.5067	<2	150
Ref. Ibid.	2.308	4	021	1.4811	<2	510
ε α　　1.637　　n ω β　　1.641　ε γ	2.292	20	201	1.4731	<2	241
1.652　　Sign	2.206	60	121	1.4605	8	421
2V　　D　　mp　Color　　Colorless	2.121	25	230	1.4421	18	002
Ref. Ibid.	2.106	8	320	1.4240	4	250
Sample was prepared at NBS by C.	1.969	2	221	1.4046	8	520
Robbins. Spec. anal. :	1.923	2	040	1.3932	<2	112
0.01 to 0.1 Fe, and 0.001 to 0.01	1.887	8	400	1.3494	6	341
each of Ca, Cr, Mg, Mn, Ni, Ti,	1.863	<2	140	1.3462		440
and Zr.	1.841	10	311	1.3356	12	151
Pattern was made at 25℃.	1.7954	<2	330	plus 24	lines	tol.0065
Chem. Anal. Showed 61. 6 Al$_2$O$_3$　38						
(mole.)　SiO$_2$						

图 2-45　莫来石的 PDF 卡片

表 2-11　X 射线粉末衍射法的一些分析应用

序号	实验数据	应用领域
1	d_{hkl}	晶胞参数 a, b, c, α, β, γ; 密度 D_x
	用于固体解析	组成
	作为温度的函数	热膨胀系数
	作为压力的函数	内应力
2	I_{hkl}	堆成元素，空间点群
		Bravais 晶格
	用于固体混合物	定量分析
3	$d_{hkl} + I_{hkl}$	鉴定
		动力学研究
		固态反应
		相图
4	$\beta_{1/2}$	微晶尺寸
5	$d_{hkl} + I_{hkl} + \beta_{1/2}$	晶体结构分析[Rietveld(里特沃尔德)法]

　　许多情况下，固体材料不可能获得满足单晶结构分析所需要的尺寸和质量。随着计算机技术的发展和应用，以及 X 射线源和中子源强度、衍射仪分辨率的提高，利用多晶衍射数据进行复杂晶体的结构分析成为可能。目前这方面的工作已有很多报道，其中主要有最大熵法、能量最小法、蒙特卡罗法，以及利用单晶结构分析方法，利用粉末衍射数据测定晶体结构，可以测定出在不对称晶胞中含 60 个原子及 178 个原子参数的复杂晶体结构。

　　利用粉末衍射图谱的指标化可进行晶系、空间群和点群常数的测定[175-176]。范广等[177]设计合成了 4 种混价铜配合物(图 2-46)。他们将其热分解的最终产物的 X 射线粉末衍射图样的所有衍射峰指标化(图 2-47)，说明它是单斜晶系的 CuO(SG:

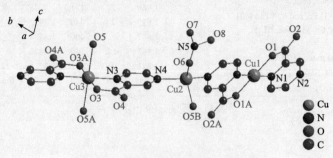

图 2-46　4 种混价铜配合物的晶体结构

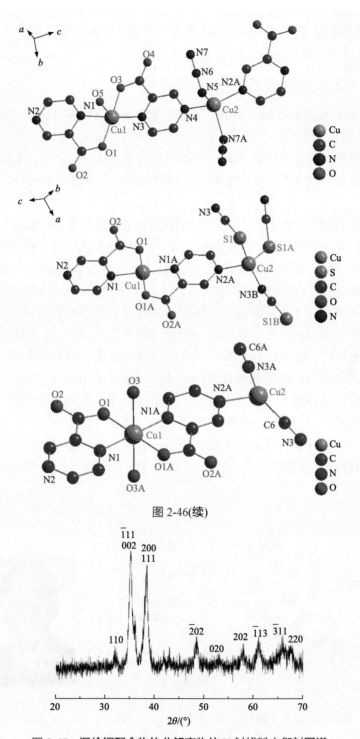

图 2-46(续)

图 2-47　混价铜配合物热分解产物的 X 射线粉末衍射图谱

$C2/c$；a=4.684 Å，b=3.425 Å，c=5.129 Å，β= 99.47，JCPDS 卡片号为 05-0661)，不存在 Cu_2O 及其他杂质。

2. 单晶 X 射线结构分析

单晶 X 射线衍射是精确测定分子和固体中原子位置应用最广、不确定度最小的一种方法[178-180]。由于无机分子和无机固体的结构种类繁多，单晶 X 射线衍射结构分析在无机化学中的作用远比在有机化学中重要。此外，无机分子中的成键作用更加复杂多变，需要根据键长和键角的信息才能精确地推断化学键的性质。

目前通用的四圆单晶衍射仪(图 2-48)包括恒定波长的 X 射线源、安放样品单晶的支架和 X 射线检测器。四圆指的是：ϕ(围绕安置晶体的轴旋转的圆)、X(安装测角头的垂直圆，测角头可在此圆上运动)、Ω(晶体绕垂直轴转动的圆)和 2θ。检测器和晶体样品(典型晶粒的边长约为 0.2 mm)的转动由计算机控制。衍射强度由衍射光束方向上的检测器测量并记录、存储，通常要收集 1000 个以上的衍射强度和反方向的数据，待测定的每个结构参数须获得 10 个以上的衍射数据，直到通过计算机程序进行的尝试结构的衍射强度与观测值相符。利用得到的丰富数据可绘制出橡岭热椭球图(oak ridge thermal ellipsoid plot，ORTEP)，该图可以提供晶体内部三维空间的电子云密度分布，晶体中分子的立体构型、构象，化学键类型、键长、键角，分子间距离，配合物配位情况等。由此可见，X 射线单晶衍射分析不仅能使人们从原子、分子水平准确了解化合物的结构，还能够解释结构与性能之间的关系。中山大学陈小明院士在这方面做出了杰出的贡献。

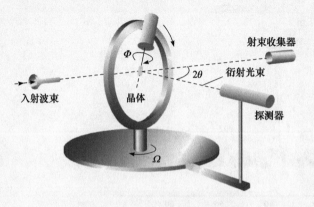

图 2-48 四圆单晶衍射仪示意图　　　　　　陈小明

参 考 文 献

[1] 叶雯, 杜正国. 物理教学, 1984, 4: 37-41.

[2] 基础物理编写组. 基础物理. 南京: 江苏科学技术出版社, 1980: 314.

[3] 北京大学物理系普通物理教研室. 普通物理学(分子物理学和热力学部分). 北京: 人民教育出版社, 1977: 16.

[4] 南京工学院等. 物理学(上册). 北京: 人民教育出版社, 1977: 169.

[5] 基础物理编写组. 基础物理学(工科用). 上册. 上海: 上海人民出版社, 1973: 273.

[6] 李平. 热学. 北京: 北京师范大学出版社, 1987: 32.

[7] 中国物理学会上海分会. 分子物理学和热学(高中物理教学参考读物). 上海: 新知识出版社, 1958: 62.

[8] 别雷史金 A B, 特列齐雅可夫 H Π. 物理学. 上册. 邹延肃, 等译. 北京: 高等教育出版社, 1955: 180.

[9] 张为合, 古玥. 物理学. 第一册. 北京: 化学工业出版社, 1985: 451.

[10] 福里斯·季莫列娃. 普通物理学. 第一卷. 梁宝洪, 译. 北京: 高等教育出版社, 1958: 160.

[11] 上海师范大学《物理学》翻译小组. 物理学. 上册. 上海: 上海教育出版社, 1975: 240.

[12] Gamow G, Clcveland J M. Physics Foundations and Frontiers. 3rd ed. Oxford: Clarendon Press, 1969.

[13] Atkins K R, Holum J R, Strahler N. Essentials of Physical Science. New York: Wiley, 1978.

[14] 张学龙. 玉溪师专学报(自然科学版), 1988, 4: 62-65.

[15] Sears F W. 物理学. 第二册. 王子昌, 译. 上海: 龙门联合书局出版, 1951: 384.

[16] 阿尔柴贝谢夫 C A. 物理学教程. 第一卷. 第二分册. 张之翔, 等译. 北京: 高等教育出版社, 1955: 450.

[17] 童颜. 大学物理, 1999, 11: 19-21.

[18] 鞠东. 大学物理, 1997, 8: 10-12.

[19] 杨记文. 物理通报, 2003, 5: 6-8.

[20] 常树人. 大学物理, 1999, 3: 22, 47.

[21] 陈水生. 大学物理, 1992, 1: 25-27.

[22] 张艳燕, 刘娟, 马晓栋. 新疆师范大学学报(自然科学版), 2010, 29(4): 70-71.

[23] 任青, 杨文平. 山西大同大学学报(自然科学版), 2018, 34(2): 24-26.

[24] 刘卫兴. 宁德师专学报(自然科学版), 2004, 4: 413-416.

[25] 王哲, 陈莉津, 肖爱玲, 等. 塑料工业, 2006(S1): 247-248, 255.

[26] Jones H D, Zerilli F J. Symposium Y—Struct Prop Energ Mater, 1992, 296: 311-315.

[27] Stesik L N. Combust Explo Shock Waves, 1971, 7(1): 93-97.

[28] 丁刚毅, 徐更光. 兵工学报, 1994, 4: 25-29.

[29] Li X L, Cao W, Song Q G. Combust Explo Shock Waves, 2019, 55(6): 723-731.

[30] Bièvre D P, Lenaers G, MurphyT J, et al. Metrologia, 1995, 32: 103-110.

[31] Milton M J T, Mills I M. Metrologia, 2009, 46(3): 332-338.

[32] Milton M J T. Philos Trans R Soc A, 2011, 369(1953): 3993-4003.

[33] CIPM. 106th meeting-106ᵉ réunion (2017). (2017-10-20). https://www.bipm.org/en/committees/ci/cipm/publications.

[34] 晏刘莹, 高蔚. 中国计量, 2018, 12: 6-8.

[35] Marquardt R, Meija J, Mester Z, et al. Pure Appl Chem, 2017, 89(7): 951-981.

[36] Güttler B, Rienitz O, Pramann A. Ann Phys(Berlin), 2019, 531(5): 1800292.

[37] 任同祥, 王军, 李红梅. 化学教育(中英文), 2019, 40(12): 19-23.

[38] Avogadro A. J Phys, 1811, 73: 58-76.

[39] Wolfgang D. Atoms, Molecules, and Photons an Introduction to Atomic-, Molecular- and Quantum Physics. 2nd ed. New York: Springer, 2011.

[40] Cerruti L. Metrologia, 1994, 31(3): 159-166.

[41] 胡瑶村. 化学通报, 1980, (8): 25, 56-59.

[42] Milt D C. J Chem Educ, 1951, 28(8): 421-425.

[43] Pauling L. J Am Chem Soc, 1931, 53(4): 1367-1400.

[44] William B J. J Chem Educ, 2007, 84(2): 223.

[45] Becker P. Rep Prog Phys, 2001, 64: 1945-2008 .

[46] William B J. J Chem Educ, 2010, 87(12): 1302.

[47] 龙琪. 化学教育, 2015, 36(17): 75-81.

[48] Jeans J H. An Introduction to the Kinetic Theory of Gases. Gambridge: Gambridge University, 1946: 32.

[49] Richter J B. Anfangsgründe der stöchiometrie oder meßkunst chymischer elemente. Köln: J. K. Korn Breslau und Hirschberg, 1792.

[50] Padilla K, Furio-Mas C. Sci & Educ, 2008, 17: 403-424.

[51] Thomas J S G. J Chem Technol Biot, 1925, 44(47): 1146-1147.

[52] Einstein A. Annalen der Physik, 1905, 322(8): 549-560.

[53] Perrin J B. Ann Chim Phys, 1909, 18: 1-144.

[54] Stille U. Messen und Rechnen in der Physik. Braunschweig: Friedrich Vieweg Verlag, 1955.

[55] Guggenheim E A. J Chem Educ, 1961, 38(2): 86-87.

[56] CIPM. Minutes of the Meetings of the International Committee for Weights and Measures: Report of the 82nd Meeting. Paris, 1993.

[57] BIPM. Director's Report 2019. Paris, 2006.

[58] CGPM. Resolution 3 of the 14th CGPM: SI unit of amount of substance (mole). Paris, 1971.

[59] BIPM. BIPM Annual Review 2019/2020. Paris, 2019.

[60] Mohr P J, Newell D B, Taylor B N. Rev Mod Phys, 2016, 88: 035009(1-73).

[61] Wang M, Audi G, Kondev F G, et al. Chin Phys C, 2017, 41(3): 030003(1-443).

[62] Laeter D J R, Böhlke J K, Bièvre D P, et al. Pure Appl Chem, 2003, 75(6): 683-800.

[63] Newell D B, Cabiati F, Fischer J, et al. Metrologia, 2018, 55: L13-L16.

[64] Mills I M, Mohr P J, Quinn T J, et al. Metrologia, 2005, 42(2): 71-80.

[65] Quinn T J. IEEE Trans Instrum Meas, 1991, 40(2): 81-85.

[66] Girard G. Metrologia, 1994, 31: 317-336.

[67] Fischer J, Ullrich J. Nat Phys, 2016, 12: 4-7.

[68] Eichenberger A, Jeckelmann B, Richard P. Metrologia, 2003, 40(6): 356-365.

[69] Kibble B P, Robinson I A, Belliss J H. Metrologia, 1990, 27(4): 173-192.

[70] Robinson I A, Kibble B P. EEE Trans Instrum Meas, 1997, 46(2): 596-600.

[71] Robinson I A, Kibble B P. Metrologia, 2007, 44(6): 427-440.

[72] Picard A, Stock M, Fang H, et al. IEEE Trans Instrum Meas, 2007, 56(2): 538-542.

[73] Picard A, Fang H, Kiss A, et al. Instrum Meas, 2008, 57(4): 924-929.

[74] Genevès G, Gournay P, Gosset A, et al. IEEE Trans Instrum Meas, 2005, 54(2): 850-853.

[75] Steiner R L, Williams E R, Newell D B, et al. Metrologia, 2005, 42(5): 431-441.

[76] Kibble B P. A measurement of the gyromagnetic ratio of the proton by the strong field method// Sanders J H, Wapstra A H. Atomic Masses and Fundamental Constants. New York: Plenum, 1976: 545-551.

[77] Kibble B P, Smith R C, Robinson I A. IEEE Trans Instrum Meas, 1983, 32: 141-143.

[78] Bonse U, Hart M. Appl Phys Lett, 1965, 6(8): 155-156.

[79] Deslattes R D, Henins A, Bowman H A, et al. Phys Rev Lett, 1974, 33(8): 463-466.

[80] Deslattes R D, Henins A, Schoonover R M, et al. Phys Rev Lett, 1976, 36: 898-900.

[81] Becker P. Metrologia, 2003, 40(6): 366-368.

[82] Stenger J, Göbel E O. Metrologia, 2012, 49: L25-L27.

[83] Becker P, Bettin H, Danzebrink H U, et al. Metrologia, 2003, 40(5): 271-287.

[84] Sevfried P, Becker P, Kozdon A, et al. Z Phys B: Condens Matter, 1992, 87(3): 289-298.

[85] Basile G, Becker P, Bergamin A, et al. IEEE Trans Instrum Meas, 1995, 44(2): 538-541.

[86] Kenny M J, Leistner A J, Walsh C J, et al. IEEE Trans Instrum Meas, 2001, 50(2): 587-592.

[87] Fujii K, Tanaka M, Nezu Y, et al. Metrologia, 1999, 36: 455-464.

[88] Gonfiantini R, De Bièvre P, Valkiers S, et al. IEEE Trans Instrum Meas, 1997, 46(2): 566-571.

[89] Fujii K, Waseda A, Kuramoto N, et al. IEEE Trans Instrum Meas, 2005, 54(2): 854-859.

[90] Andreas B, Azuma Y, Bartl G, et al. Phys Rev Lett, 2011, 106(3): 030801(1-4).

[91] Azuma Y, Barat P, Bartl G, et al. Metrologia, 2015, 52(2): 360-375.

[92] Picard A. Metrologia, 2006, 43(1): 46-52.

[93] Becker P, Friedrich H, Fujii K, et al. Meas Sci Technol, 2009, 20(9): 092002.

[94] Cerofolini G F, Meda L. Physical Chemistry of, in and on Silicon. Berlin: Springer, 1989.

[95] Becker P, Dorenwendt K, Ebeling G, et al. Phys Rev Lett, 1981, 46: 1540-1543.

[96] Fujii K, Bettin H, Becker P. Metrologia, 2016, 53: A19-A45.

[97] Leistner A J, Zosi G. Appl Opt, 1987, 26: 600-601.

[98] Becker P, Schiel D, Pohl H J, et al. Meas Sci Technol, 2006, 17: 1854-1860.

[99] Andreas B, Azuma Y, Bartl G. Metrologia, 2011, 48(2): S1-S13.

[100] Abrosimov N V, Aref'ev D G, Becker P, et al. Metrologia, 2017, 54(4): 599-609.

[101] Pramann A, Rienitz O. Anal Chem, 2016, 88(11): 5963-5970.

[102] Vogl J. Inductively Coupled Plasma Mass Spectrometry Handbook. Oxford: Blackwell Publishing, 2005: 147-181.

[103] Bièvre D P. Fresenius J Anal Chem, 1990, 337(7): 766-771.

[104] Heumann K G. In Inorganic Mass Spectrometry. New York: John Wiley & Sons, 1988: 301.

[105] Heumann K G. Int J Mass Spectrom Ion Processes, 1992, 118: 575-592.

[106] Heumann K G. Mass Spectrom Rev, 1992, 11(1): 41-67.

[107] Sargent M, Harrington C, Harte R. Guidelines for achieving high accuracy in isotope dilution mass spectrometry(IDMS). Cambridge: Royal Society of Chemistry, 2002.

[108] Rienitz O, Pramann A, Schiel D. Int J Mass Spectrom, 2010, 289(1): 47-53.

[109] Mana G, Rienitz O, Pramann A. Metrologia, 2010, 47(4): 460-463.

[110] Bartl G, Becker P, Beckhoff B, et al. Metrologia, 2017, 54(5): 693-715.

[111] Kuramoto N, Mizushima S, Zhang L, et al. Metrologia, 2017, 54(5): 716(1-25).

[112] Pramann A, Rienitz O, Schiel D, et al. Int J Mass Spectrom, 2011, 299(2-3): 78-86.

[113] Pramann A, Rienitz O, Schiel D, et al. Metrologia, 2011, 48(2): S20-S25.

[114] Pramann A, Rienitz O, Schiel D, et al. Int J Mass Spectrom, 2011, 305(1): 58-68.

[115] Pramann A, Narukawa T, Rienitz O. Metrologia, 2017, 54(5): 738(1-23).

[116] Pramann A, Rienitz O. J Anal At Spectrom, 2018, 33(5): 901-907.

[117] D'Agostino G, Luzio D M, Mana G, et al. Anal Chem, 2015, 87(11): 5716-5722.

[118] Luzio D M, Stopic A, D'Agostino G, et al. Anal Chem, 2017, 89(12): 6726-6730.

[119] Martin J, Kuetgens U, Stuempel J, et al. Metrologia, 1998, 35(6): 811-817.

[120] Leistner A J, Giardini W J. Metrologia, 1991, 28(6): 503-506.

[121] Leistner A J, Giardini W J. Metrologia, 1994, 31(3): 231-243.

[122] Collins J G, Giardini W J, Leistner A J, et al. Proceedings of 20th Biennial Conference on Precision Electromagnetic Measurements. IEEE, 1996: 466-467.

[123] Baker A J, Giardini W J. Int J Mach Tool Manu, 2001, 41(13-14): 2087-2093.

[124] Becker P, Nicolaus A. Europhy News, 2009, 40(1): 23-26.

[125] 沈乃澂. 物理, 2018, 47(10): 648-659.

[126] Zakel S, Wundrack S, Niemann H, et al. Metrologia, 2011, 48(2): S14-S19.

[127] D'Agostino G, Luzio D M, Mana G, et al. Anal Chem, 2016, 88(13): 6881-6888.

[128] 康岩辉. 阿伏伽德罗常数测量中硅球直径测量的若干关键问题研究. 天津: 天津大学, 2009.

[129] Becker P, Schiel D. Int J Mass Spectrom, 2013, 349: 219-226.

[130] Ferroglio L, Mana G, Massa E. Optics Express, 2008, 16(21): 16877-16888.

[131] Zemansky M W. Heat and Thermodynamics: An Intermediate Textbook. 5th ed. New York: McGraw-Hill Publishing, 1968: 34-35.

[132] Speight J G. Lange's Handbook of Chemistry. 16th ed. New York: McGraw-Hill Publishing, 2005: 609.

[133] 佘守宪. 物理通报, 2003, 10: 4-7.

[134] 王鑫, 申杨, 赵杰, 等. 大学物理, 2010, 29(4): 8-10.

[135] Graham T. Quarterly Journal of Science, Literature and Art, 1829, 27: 74-83.

[136] Graham T. Amer J Med Sci, 1833, 23: 189-193.

[137] 威廉尼 S. 铀浓缩. 段存华, 等译. 北京: 原子能出版社, 1986: 56-60.

[138] Grosse W, Frick H J. Hydrobiologia, 1999, 415: 55-58.

[139] Grosse W. Aquatic Botany, 1996, 54(2-3): 101-110.

[140] Grosse W, Armstrong J, Armstrong W. Aquatic Botany, 1996, 54(2-3): 87-100.

[141] Schiwinski K, Grosse W, Woermann D. Zeitschrift für Naturforschung C, 1996, 51(9-10): 681-690.

[142] Frick H J, Woermann D, Grosse W. Zeitschrift für Naturforschung C, 1997, 52(11-12): 824-827.

[143] Krönig A. Annalen der Physik, 1856, 99(10): 315-322.

[144] Clausius R. Annalen der Physik, 1857, 176(3): 353-380.

[145] Basil M. The Man Who Changed Everything: The Life of James Clerk Maxwell. Hoboken: Wiley, 2003.

[146] Ponomarev L I, Kurchatov I V. The Quantum Dice. London: CRC Press, 1993: 36-37.

[147] Einstein A. Ann Phys-berlin, 1905, 322(10): 891-921.

[148] von Smoluchowski M. Annalen der Physik, 1906, 21: 756-780.

[149] Li Y D, Qian Y T, Liao H W, et al. Science, 1998, 281(5374): 246-247.

[150] 王竹溪. 热力学. 2 版. 北京: 人民教育出版社, 1960.

[151] 陈正学. 化学通报, 1960, 1: 46-47.

[152] 褚德莹. 化学通报, 1981, 11: 60-64.

[153] 刘志刚. 教材通讯, 1986, 3: 28-30.

[154] 戴长印. 化学教学, 1990, 2: 38-39.

[155] 李芝芬. 大学化学, 1990, 5(1): 58-61.

[156] Hill K D, Steele A G. NCSLI Measure J Meas Sci, 2014, 9(1): 60-67.

[157] Hall J. Temperature, Its Measurement and Control in Science and Industry// Wolfe H C. New York: Reinhold Publishing Corp, 1955, 2: 115-139.

[158] Michels A, Coeterier F. Proc Amsterdam, 1927, 30: 1017-1020.

[159] Moser H. Ann der Physik, 1929, 393(3): 341-360.

[160] Thomas J L. Bur Stand J Res, 1934, 12: 323-327.

[161] Beattie J A, Huang T C, Benedict M. Proc Am Acad & Sci,1938, 72(3): 137-155 .

[162] Stimson H F. Wash J Acad Sci, 1945, 35(7): 201-217.

[163] Stimson H F. J Res Natl Bur Stand, 1949, 42(3): 209-217.

[164] Stimson H F. J Res Natl Bur Stand, 1961, 65: 601200-61(1-8).

[165] Preston-Thomas H, Quinn T J, Compton J P, et al. Metrologia, 1969, 5(2): 35-44.

[166] Rossini F D. J Chem Thermodyn, 1970, 2: 447-459.

[167] 黄子卿. 化学通报, 1960, 1: 47.

[168] 冯师颜. 物理通报, 1963, 1: 54-56.

[169] 张鸿烈. 安徽大学学报(自然科学版), 1989, 2: 71-72.

[170] 高胜利, 陈三平, 谢钢, 等. 大学化学, 2010, 25(5): 66-69.

[171] 邓崇海, 胡寒梅, 邵国泉. 合肥学院学报(自然科学版), 2013, 23(1): 70-73.

[172] Mathemat N L. Gazette, 2018, 102(555): 564-565.

[173] Franklin R E, Gosling R G. Nature, 1953, 172 (4369): 156-157.

[174] Saksl K, Molčanová Z, Ďurišin J, et al. J Alloy Comp, 2019, 801: 651-657.

[175] 梁敬魁, 陈小龙, 古元薪. 物理, 1995, 8: 483-491.

[176] 周善元, 王世华, 赵新华. 物理分册, 1992, 28(1): 36-38.

[177] Fan G, Gao S L, Chen S P, et al. Sci China Ser B, 2005, 48: 41-44.

[178] 陈小明, 蔡继文. 单晶结构分析原理与实践. 2 版. 北京: 科学出版社, 2007.

[179] 马礼敦. 高等结构分析. 2 版. 上海: 复旦大学出版社, 2006.

[180] Glusker J P, Lewis M, Rossi M. Crystal Structure Analysis for Chemists and Biologists. New York: Wiley-VCH, 1994.

第**3**章

晶体的微观结构

3.1　完美晶体的微观结构特征

完美晶体的宏观性质特征表明，晶体中的粒子是按一定方式重复排列的。这种性质称为晶体结构的周期性(periodicity)。这是晶体微观结构最基本的特征。晶体的另一个特征是对称性(symmetry)。

3.1.1　几个基本概念

1. 周期性

理想晶体的结构特点可以归纳为：晶体内部结构中的原子、离子、分子或基团在空间做规则性排列，并且这种排列有严格的周期性。周期性是指一定数量、种类的原子、离子、分子或基团在空间排列时每隔一定距离重复出现的现象。晶体内部粒子在三维空间做周期性重复排列(图 3-1)。图 3-1 中的 4 种粒子都可以在三维方向平移，并严格遵守周期性。

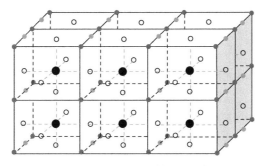

图 3-1　体现粒子周期性的三维格子

2. 结构单元

结构单元是指重复周期中的具体内容，包括粒子的种类、数量及其在空间的排列方式。同一晶体中结构单元的组成相同、空间结构相同，若忽略具体的表面效应，结构单元的周围环境也相同。结构单元可以是单个原子或分子，也可以是离子团或多个分子。例如，干冰晶体结构单元为 CO_2，食盐晶体结构单元为一个 Na^+ 和一个 Cl^-，萤石晶体结构单元为一个 Ca^{2+} 和两个 F^-(图 3-2)。

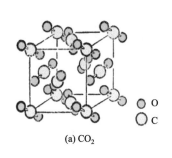
○ O
○ C
(a) CO_2

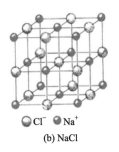
○ Cl^- ● Na^+
(b) NaCl

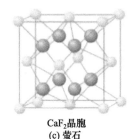
CaF_2晶胞
(c) 萤石

图 3-2　单晶的结构单元

例题 3-1

分别画出一维链状聚乙烯分子(相邻碳原子的构象不同)、石墨分子、层状硼酸晶体的结构，并指出其结构单元。

解　分别如下：

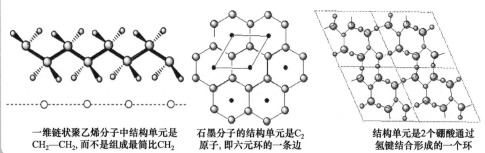

一维链状聚乙烯分子中结构单元是
$CH_2—CH_2$，而不是组成最简比CH_2

石墨分子的结构单元是C_2
原子，即六元环的一条边

结构单元是2个硼酸通过
氢键结合形成的一个环

1) 点阵

如果把每个结构单元用一个点表示，可得到一组点，这些点按一定规律排列在空间。研究这些点在空间重复排列的方式，就可以更好地描述晶体内部质点排布的周期性。从晶体中无数个结构单元中抽象出来的无数个点，在三维空间按一定周期重复，就构成了点阵(lattice)。因此，点阵是一组无限个全同点的集合，连接其中任意两点可得一向量，将各点按此向量平移能使其复原，凡满足这样条件的一组点就称为点阵。点阵中的每个点都具有相同的周围环境。例如，无限多的等同圆球(可以设想成晶体中的质点)按直线并互相接触排列成一行(图 3-3)，把每个球抽象成一个几何学上的点画在圆球的中心上，这些点就组成一个一维点阵(one-dimensional lattice)，或称直线点阵(linear lattice)。按图中任意两点连成的向量如图中的 *a* 进行平移，整个点阵就可以复原。同样还有平面点阵和空间点阵。将平面点阵和空间点阵中的点用直线连接起来就成为平面格子和空间格子。

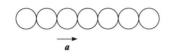

图 3-3　直线点阵

例题 3-2

画出平面点阵和空间点阵示意图。

解　平面点阵在二维平面上，代表原子或分子的黑色球在两个方向，存在各自的平移向量，可以平移复合，具有严格的周期性。

空间点阵在三维空间按三个方向平移各自的向量,模仿下图即可画出点阵示意图。

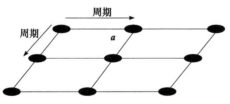

点阵结构(lattice structure)是一个在三维空间无限延伸的三维网格,也称为格子。点阵上的网格交点称为点阵点或格点(lattice point)。显然，格点就是晶体中的结构单元抽提成的点。

例题 3-3

点阵和点阵结构有什么异同?

解　点阵和点阵结构都是描述晶体微观结构的术语，可把它们当作无限、不连续的结点或结构基元的排列。它们是相关的：只要在点阵结构中每个等同部分(结构基元)中抽出一个相当点，即得到点阵；反之，在点阵中的结点上放置结构基元，即产生点阵结构。

它们的不同点如下：

点阵	人为的、抽象的	结点	素单位	复单位
点阵结构	客观的、具体的	结构基元	素晶胞	复晶胞

2) 晶体结构、点阵结构、结构单元的关系

为认识不同晶体的结构，就要理解晶体结构、点阵结构和结构单元的关系。实际晶体种类繁多，不可能具体讨论每一个晶体的结构情形，但点阵结构只有为数不多的几种。只要知道这几种为数不多的点阵结构类型，然后将具体晶体的结构单元与点阵点复合，就可以知道该晶体的结构，而无需逐一讨论具体晶体的结构情形。这就是在研究晶体结构时需要引入点阵概念的原因。上述研究思路可以概括为如下说法：

晶体结构 = 点阵结构 + 结构单元

种类繁多　为数不多　与具体晶体有关

3) 单位点阵与晶胞

引入点阵概念后，可将研究成千上万的具体晶体结构简化为研究为数不多的点阵结构的问题。以图 3-4 的二维点阵为例说明单位点阵的取法。

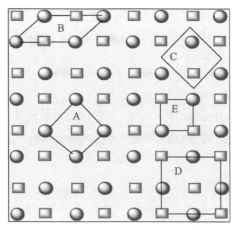

图 3-4　二维点阵示意图

从图 3-4 中选取一个平行四边形组成，只要该平行四边形能沿着点阵方向平移后精确重复本身，就可以将这样的平行四边形选作二维点阵的单位点阵。显然，这种选择可以有多种方式，图 3-4 中给出了 A、B、C、D、E 5 种，单位点阵通常

选择上述重复单元中最简单的一种。具体分析这些平行四边形：当四边形 A 和四边形 B 沿着它们的一条边平移一个边长的距离时，便产生了一个新的位置，相对于原来位置的内容和环境均无法区分，且两者面积一样，呈现出完全平移对称性。正方形 D 也可以满足平移对称性，但是它比 A 和 B 都大；将平行四边形 E 平移一个边长时，原来起始的顶点是小方块，平移后却到达了小球处，故它不是一个晶胞，也就是不呈现粒子排列的平移对称性。四边形 C 可以满足平移对称性，但是它的顶点位置没有格点，一般所选平行四边形的顶点应与点阵的格点重合。分析表明，5 种平行四边形中只有 A 和 B 是最适宜的单位点阵。从具有最多直角原则出发，则应当选取 A 为晶胞。

对于三维点阵结构，采用三组不共面的平行线将全部点阵点连接起来。这样，整个点阵可以看作由一系列形状、大小完全相同并且相互紧密排列的平行六面体构成。这些平行六面体有各种取法，在结构化学课程中会具体讲解。

思考题

3-1 总结选取最小六面体作为单位点阵应遵循的三条规则如下：

(1) 所选六面体必须能够反映点阵的宏观对称性，这是首要的条件。

(2) 在满足上述条件下，所选取的平行六面体应具有尽可能多的直角。

(3) 在满足以上两条规则的条件下，所选取的平行六面体应具有最小的体积。

如下图所示是三维点阵结构的一小部分，采用三组不共面的平行线将全部点阵点连接起来，围成一个小的六面体。试依据上述规则判断图中给出的 3 种六面体哪种是合理的。

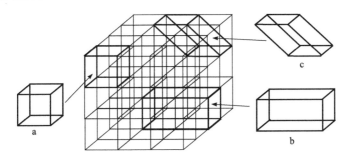

在实际研究时，既没有必要也不可能研究一个无限大的三维点阵，而是取点阵结构的一小部分作为研究单位。所选取的点阵研究单位就是晶体结构中能够重复平移的最简单部分，并且这个平移的最小单位足以代表晶体的对称性，此研究单位称为单位点阵(unit lattice)。将晶体的结构单元复合到单位点阵上就得到晶胞

(unit cell)。在晶体的三维周期结构中，按照晶体内部结构的周期性，划分出一个个大小和形状完全相同的平形六面体，作为晶体结构的基本重复单位，这些基本重复单位称为晶胞。晶胞是可以代表晶体的最小单位。

晶胞的形状一定是平行六面体，但三条边的长度不一定相等，即 a、b、c 的长度不一定相等，也不一定互相垂直，即三条边的夹角并非全部为 90°。晶胞的形状和大小是由晶体结构决定的。能用一个点阵点代表晶胞中的全部内容者，称为素晶胞(primitive cell)，它即为一个结构单元。含两个或两个以上结构单元的晶胞称为复晶胞(multiple cell)。

晶胞是晶体结构的基本结构单元，整个晶体就是按照晶胞在三维空间周期重复排列而成。因此，研究晶体结构就可以简化为先抽取点阵，再复合结构单元，最后分析晶胞。

4) 点阵参数

点阵单位和晶胞都是一个小的平行六面体，可用 6 个参数描述，称为晶胞参数(cell parameter)。如图 3-5 所示，取平行六面体的一个顶角作为原点 O 建立坐标系，从原点出发的 3 个基本向量 a、b、c 分别平行于 3 个坐标轴 X、Y、Z：$a \parallel OX$、$b \parallel OY$、$c \parallel OZ$，它们相互两两的夹角为 α、β、γ。图 3-6(a) 为 NaCl 晶体的晶胞，图 3-6(b) 为 NaCl 晶体所属的面心立方(FCC)点阵。比较两者，它们都是平行六面体，且 $a=b=c$，$\alpha=\beta=\gamma=90°$，是立方体；将图 3-6(b) 中的格点用 (Cl^-+Na^+) 替代，就得到了图 3-6(a)，反之亦然。

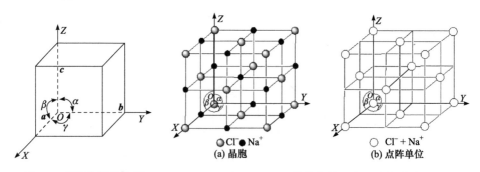

图 3-5　晶胞和晶胞参数　　　　图 3-6　NaCl 晶体中的晶胞和点阵单位

3. 晶体的对称性

1) 对称形象

对称形象在日常生活中经常遇到，如蝴蝶、花瓣、左右手、正多边形等(图 3-7)。几何学中把具有对称形象的物体的各部分称为等同，它包括能完全叠合的相等图形及互成镜像的等同而不相等的图形(如左右手)。对称图形就是由两个或两个以上等同图形构成的，并且是很有规律地重复。对称图形中的等同部分通过一定的动作后与原图形重合。将对称图形某一部分中的任意点带到一个等同部分中的相应点，使新图形与原图形重合的动作称为对称动作。对称动作有旋转、反映、倒反、平移等。

图 3-7　对称图像

对称性不仅可以简单、清楚地描述晶体的结构，而且可以简化衍射实验和结构分析的计算。对其对称性的了解需要讨论对称要素、对称动作、晶系、晶族、晶体学点群、空间点阵形式等内容。

2) 对称要素

进行对称动作时所依据的几何要素称为对称要素(图 3-8)。可分为七类：

(1) 旋转轴，实施对称动作时保持不动的直线。

(2) 反映面，实施对称动作时保持不动的平面。

(3) 对称中心，实施对称动作时保持不动的点。

(4) 反轴，实施旋转和平移复合对称动作时保持不动的直线。

(5) 点阵，实施平移对称动作时一起移动的每一个点。

(6) 螺旋轴，实施旋转和平移倒反组成的复合对称动作时保持不动的直线。

(7) 滑动面，实施反映和平移倒反组成的复合对称动作时保持不动的平面。

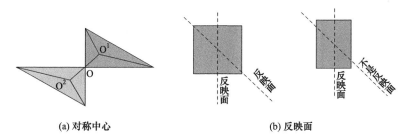

(a) 对称中心　　　　　　　　　(b) 反映面

图 3-8　对称要素示意

3) 晶体的宏观对称性

晶体在宏观观察中所表现出的对称性称为宏观对称性。宏观对称性中只有与点动作相应的对称要素，这是因为宏观观察中晶体是有限的外形，不可能有与平移相应的对称要素。

对称图形中包括的等同部分的数目称为对称性的阶次或序列。显然，阶次的大小就代表对称程度的高低。

晶体中的宏观对称要素(表 3-1)在一些限制条件下按照组合原理进行组合时，只能得到 32 种组合情况，称为 32 种对称类型，也称 32 个点群。点群是指与点动作相应的对称要素组合而成的对称要素群，有公共交点。

表 3-1　晶体中的宏观对称要素

对称要素	国际记号	对称动作	组合部分
对称中心	i	倒反	
反映面	m	反映	
一次旋转轴	1	旋转(0°)	
二次旋转轴	2	旋转(180°)	
三次旋转轴	3	旋转(120°)	
四次旋转轴	4	旋转(90°)	
六次旋转轴	6	旋转(60°)	
四次反轴	$\bar{4}$	旋转(90°)倒反	
六次反轴	$\bar{6}$	旋转(60°)倒反	$3+m$

4. 晶胞中原子的位置——原子分数坐标

要了解晶胞中某原子的位置，可在晶胞中建立直角坐标系，利用晶胞的 3 个基本向量 a、b、c，取与其相平行的坐标轴，即 $a \parallel OX$、$b \parallel OY$、$c \parallel OZ$，同时规定坐标轴的长度为 a、b、c，则晶胞中空间某点或原子的位置可以用 3 个数(x, y, z)确定。如图 3-9 中 P 原子相应的位置可以表示为向量 $\overrightarrow{OP}$，即 $\overrightarrow{OP} = xa + yb + zc$，其中，$x$、$y$、$z$ 为标量。由于 x、y、$z \leqslant 1$，故将坐标(x, y, z)称为原子的分数坐标。

例如，图 3-6(a)，氯化钠晶体的晶胞中有 4 个氯离子和 4 个钠离子，NaCl 晶胞中各原子的分数坐标如下：

Cl⁻：(0, 0, 0)　(1/2, 1/2, 0)　(1/2, 0, 1/2)　(0, 1/2, 1/2)

Na⁺：(1/2, 0, 0)　(0, 1/2, 0)　(0, 0, 1/2)　(1/2, 1/2, 1/2)

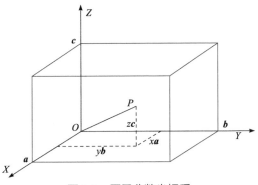

图 3-9　原子分数坐标系

显然，原子的一组分数坐标值恰好等于晶胞中单独拥有的该原子的数目，故可以也只能写出 4 个氯离子分数坐标和 4 个钠离子分数坐标。需要说明的是，写出的一组原子分数坐标与所选取的坐标系有关。坐标系改变，相应原子的分数坐标就改变。一般，用新坐标系相应原来坐标系的坐标轴平移向量值减去原来对应坐标值，便得到新坐标系中原子的坐标。差值若为负值，则用(1−差值)代之。例如，上述氯化钠晶胞的坐标原点若选取在晶胞中心，在原来的原子分数坐标中相应的 x、y、z 值均减去 1/2，则得到新的一组原子分数坐标：

Cl^-：(1/2, 1/2, 1/2)　(0, 0, 1/2)　(0, 1/2, 0)　(1/2, 0, 0)

Na^+：(0, 1/2, 1/2)　(1/2, 0, 1/2)　(1/2, 1/2, 0)　(0, 0, 0)

当了解了上述基本概念后，对于晶体内部粒子在三维空间做周期性重复排列的特征和对称性就容易理解了。

3.1.2　晶系和空间点阵排列形式

对数以万计的实际晶体采用点阵和单位点阵描述，就可简化为为数不多的几种点阵或单位点阵。这些点阵称为晶系(crystal system)，根据晶体结构所具有的特征对称元素可将晶体分成七大晶系(表 3-2)。当一个未知晶体的晶胞参数被测定以后，其晶系就大致确定了。但只是大致确定，因为晶系是由特征对称元素所确定的，而不是仅由晶胞参数确定的。如果根据六面体的面上和体中有无面心或体心进行再分类，又可将七大晶系划分为 14 种空间点阵形式，即布拉维(Bravais)晶格(格子)(表 3-3)。

表 3-2　七大晶系

晶系	边长	夹角	晶体实例
立方(cubic)	$a = b = c$	$\alpha = \beta = \gamma = 90°$	NaCl
三方(trigonal)	$a = b = c$	$\alpha = \beta = \gamma \neq 90°$	Al_2O_3

续表

晶系	边长	夹角	晶体实例
四方(tetragonal)	$a=b\neq c$	$\alpha=\beta=\gamma=90°$	SnO_2
六方(hexagonal)	$a=b\neq c$	$\alpha=\beta=90°$，$\gamma=120°$	AgI
正交(orthorhombic)	$a\neq b\neq c$	$\alpha=\beta=\gamma=90°$	$HgCl_2$
单斜(monoclinic)	$a\neq b\neq c$	$\alpha=\beta=90°$，$\gamma\neq 90°$	$KClO_3$
三斜(triclinic)	$a\neq b\neq c$	$\alpha\neq\beta\neq\gamma\neq 90°$	$CuSO_4\cdot 5H_2O$

表 3-3 14 种空间点阵排列形式

晶系	简单格子	体心格子	面心格子	底心格子
立方晶系	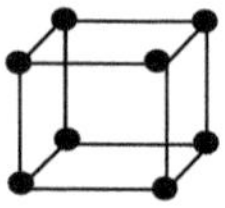	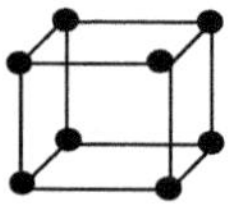	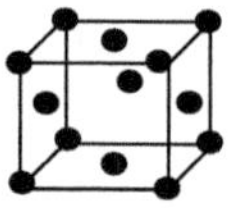	
四方晶系	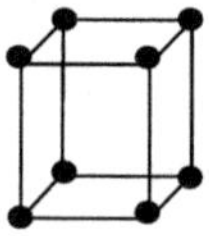	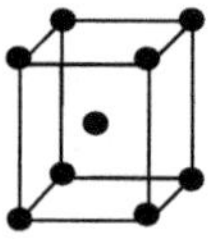		
正交晶系	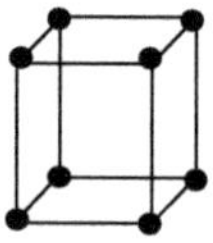	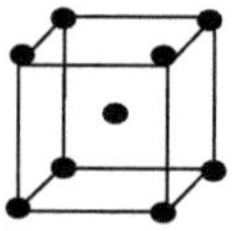	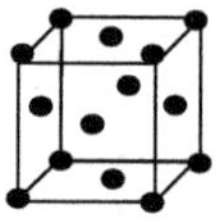	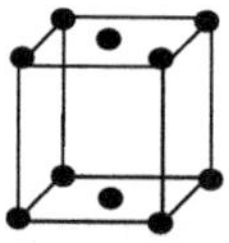
单斜晶系	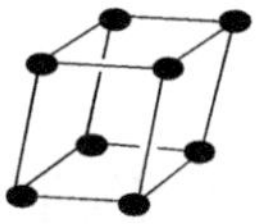			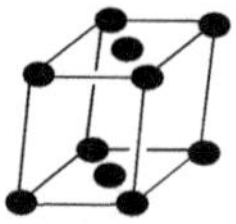
三斜晶系	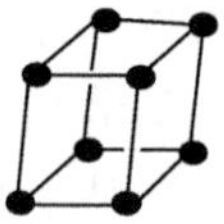			
三方晶系	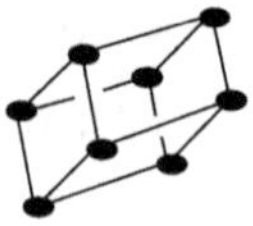			
六方晶系	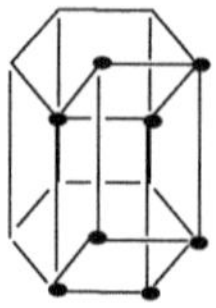			

按照七大晶系 14 种布拉维晶格的特点，若同一种物质中的微粒按不同的方式排列，就会生成不同的晶体而表现出不同的物理性质。例如，碳原子按一种方式排列可以生成金刚石，而按另一种方式排列时会生成石墨，金刚石与石墨的物理性质有很大的不同。金刚石属立方晶系，面心立方格子。碳原子位于面心立方的所有结点位置和交替分布在立方体内的 1/2 四面体间隙的位置。每个碳原子和周围 4 个碳原子按四面体配位，形成碳碳共价单键。石墨属六方晶系构造，碳原子六角网格第一层对第二层错开六角形对角线的 1/2 而平行叠合，第三层和第一层位置重复，成 ABAB 序列。

即使同为石墨,碳原子层之间也可有两种不同的堆积方式。一种是以 ABAB⋯的顺序重复[图 3-10(a)]，具有六方晶系对称，称为六方石墨，又称α-石墨，空间群为D_{6h}^4 - P6$_3$/mmc，晶胞参数为：a=245.6 pm，c=669.6 pm。另一种是以 ABCABC⋯的顺序重复[图 3-10(b)]，称为三方石墨，又称β-石墨，中层间距也为 335 pm，结合力是范德华力，空间群为D_{3d}^5 - R3m，晶胞参数为：d=363.5 pm，α =39°30′。两种石墨的物理性质相似，天然石墨中含大约 30%的β-石墨。两者可以互变：

$$\alpha\text{-石墨} \underset{1300\text{K}}{\overset{\text{研磨处理}}{\rightleftharpoons}} \beta\text{-石墨}, \Delta H = 0.586\ \text{kJ} \cdot \text{mol}^{-1}$$

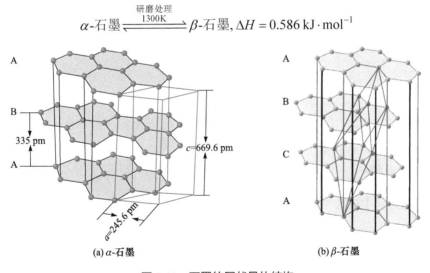

(a) α-石墨　　　　　　　　　　(b) β-石墨

图 3-10　石墨的层状晶体结构

3.1.3　晶面

1. 晶面及其特点

晶面(crystal face)即通过晶体中原子中心的平面。晶体在自发生长过程中可发育出由不同取向的平面所组成的多面体外形,这些多面体外形中的平面称为晶面。

晶面基本上是光滑平整的平面，但仔细观察时常可见微有凹凸而表现出规则形状的各种晶面花纹。晶面实质是晶格的最外层面网。晶面的生成与许多因素有关，往往表现出不同的性质，这对于固体反应是十分重要的。例如，由于纳米粒子的光触媒特性和色素吸附增感特性等与表面反应有关[1]，金属氧化物纳米粒子暴露结晶面的结构能影响表面反应的进行，造成在各个结晶面上表面反应速率和程度的差异，即在不同的结晶面上显示出不同程度的表面反应活性。此外，一些由表面反应引起的特性，如亲油性与亲水性的转换等性质[2]也会在不同的结晶面上表现出差异。纳米材料的结构与性能的相关性还表现在很多方面，在表面增加拉曼光谱研究中发现，暴露不同晶面的不同形貌的银纳米粒子具有不同的表面增强效应[3]。图 3-11 为晶面及其特点的示意图。

由图 3-11 可以看出晶面有如下特点：① 通过任一格点，可以作全同的晶面与一晶面平行，构成一族平行晶面；② 所有的格点都在一族平行的晶面上而无遗漏；③ 一族晶面平行且等距，各晶面上格点分布情况相同；④ 晶格中有无限多族的平行晶面。

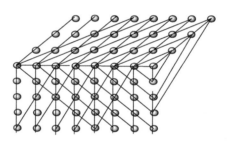

图 3-11　晶面及其特点

2. 晶面指标

晶面有一个标志参数，即米勒(Miller)指数，是在 1939 年由英国晶体学家米勒(W. H. Miller，1917—1997)设计的[4]。用晶面(或者平面点阵)在三个晶轴上截距的倒数的互质整数比标记晶面。实际上使用晶面的垂直法线，就是用晶面的方向来表示晶面，因此晶面间距为 d 的一个晶面族都可以用一组参数表示。

特定取向的晶面必定与晶体中对应的一组互相平行的平面点阵相平行。规定用一套整数反映某特定晶面及其相应平面点阵组的取向，这套整数称为晶面指标。设 a、b、c 为晶体的一套基向量，晶面在 a 轴、b 轴、c 轴上所截长度

米勒

分别为 r、s、t，则 r、s、t 为晶面在三个晶轴上的截距，而 $1/r$、$1/s$、$1/t$ 为截距倒

数。将晶面在三个晶轴上截距倒数之比化为一组互质整数，即 $1/r : 1/s : 1/t = h : k : l$，即为晶面指标，用 hkl 符号表示。

另外，如果晶面平行于某一坐标轴，则该轴的截距为无穷大，与其相应的指数为 0；如果截距在负的坐标轴方向，截距为负数，相应的指数也为负数，表示方法是在数前加"–"号；相互平行的晶面具有相同的晶面指标；通过坐标原点的晶面不能直接求得其晶面指标，可以采用与其平行的晶面的指标表示。

根据上述原则，讨论如图 3-12 所示立方晶胞中晶面的晶面指标。

图 3-12(a)中，下部阴影所示晶面通过原点且不与任一坐标轴相交，故不能表示它的晶面指标。而与它平行、面间距为 c 的上部阴影所示晶面，与它属同一晶面指标，可表示之。该晶面与 X 轴和 Y 轴平行，截距记∞，在 Z 轴上的截距为 1，截距倒数的互质整数比为 0、0、1，故其晶面指标为(001)。图 3-12(b)中，阴影所示晶面在 X 轴和 Y 轴上的截距均为 1，在 Z 轴上的截距为∞，故其晶面指标为(110)。图 3-12(c)中，阴影所示晶面在 X 轴、Y 轴和 Z 轴上的截距均为 1，故其晶面指标为(111)。类似地，图 3-12(d)中阴影所示晶面的晶面指标为(120)，图 3-12(e)中阴影所示 3 个晶面的晶面指标分别为(010)、(020)、(030)，图 3-12(f)中阴影所示的两个平行晶面斜着穿过晶胞，不与坐标轴相交，与它平行的下一个晶面与坐标轴相交且截距分别为 1/2、1、1/3，故其晶面指标为(213)。

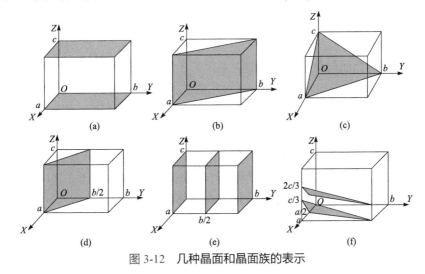

图 3-12　几种晶面和晶面族的表示

同一晶体结构中存在一些原子排列情形完全相同，但空间位向不同的晶面，这一组晶面称为晶面族，用符号{hkl}表示。例如，{100}晶面族包括晶面：[100]、[010]、[001]、[$\bar{1}$00]、[0$\bar{1}$0]、[00$\bar{1}$] 6 个晶面，称为立方体晶面族；{110}包括十二个晶面，称为正十二面体晶面族；{111}晶面族包括八个晶面，正好围成正八面体，称为八面体晶面族。

图 3-13 给出的六方晶体中的晶面表示坐标系，采用四坐标法表示，因而晶面指标由四个数字表示[$hkil$]，其中 $h+k+i=0$。六边形底面有彼此夹角为 120° 的 3 个坐标轴 a_1、a_2、a_3，第 4 个坐标轴 c 与此 3 个坐标轴垂直。例如，上顶面：$\infty\infty\infty1 \rightarrow [0001]$，前正面：$1\infty-1\infty \rightarrow [10\bar{1}0]$，左前侧：$1-1\infty\infty \rightarrow [1\bar{1}00]$，左后侧：$\infty-11\infty \rightarrow [0\bar{1}10]$。

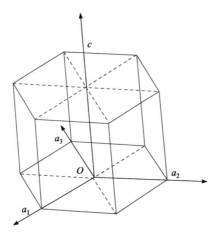

图 3-13　六方晶胞中晶面的表示方法

例题 3-4

举例说明晶面与化学反应性的关系。

解　MgO 具有岩盐结构，是一个完美的立方体结构晶体。在[100]晶面上，正、负离子交替排列，而在[111]面上则是 Mg^{2+}、O^{2-} 单独分层排列。显然，晶面[100]和晶面[111]的性质是不同的。一般来说，[111]晶面成长速度不如[100]晶面，所以，有时氧化镁晶体呈现出缺角的立方体或八面体外形。再如，NaCl 在水溶液中正常生长成{100}晶面族，外形为立方体；而在尿素存在下，{111}晶面族生长慢，故晶体外形呈现缺角的立方体或八面体外形。

3. 面间距与晶面指数的关系

平面之间的间隔称为面间距，用符号 d_{hkl} 标记。面间距是从原点到最近面的垂直距离。面间距与晶胞参数之间的关系可以按几何学计算，但其关系与晶系有联系。可以推导出米勒指数与面间距 d 之间的关系。表 3-4 中总结了各晶系的面间距计算公式。

表 3-4　不同晶系中面间距的表达式

晶系	由晶胞参数和米勒指数计算 d_{hkl} 的公式
立方	$\dfrac{1}{d^2}=\dfrac{h^2+k^2+l^2}{a^2}$
三方	$\dfrac{1}{d^2}=\dfrac{h^2+k^2}{a^2}+\dfrac{l^2}{c^2}$
正交	$\dfrac{1}{d^2}=\dfrac{h^2}{a^2}+\dfrac{k^2}{b^2}+\dfrac{l^2}{c^2}$
六方	$\dfrac{1}{d^2}=\dfrac{4}{3}\left(\dfrac{h^2+hk+k^2}{a^2}\right)+\dfrac{l^2}{c^2}$
单斜	$\dfrac{1}{d^2}=\dfrac{1}{\sin^2\beta}\left(\dfrac{h^2}{a^2}+\dfrac{k^2\sin^2\beta}{b^2}+\dfrac{l^2}{c^2}-\dfrac{2hl\cos\beta}{ac}\right)$
三斜	公式相对较复杂，将在结构化学课程中学习

3.2　晶体的基本性质

　　晶体的物理性质如熔点和硬度，既取决于组成晶体粒子的排列方式，也取决于晶体内部粒子间的作用力。晶体常按照粒子间作用力的不同分为四种类型，即离子晶体、原子晶体、分子晶体和金属晶体。它们的一些基本性质见表 3-5。

表 3-5　各种类型晶体参数及性质

参数及性质	晶体的基本类型			
	离子晶体	原子晶体	分子晶体	金属晶体
晶格结点上的粒子	正、负离子	中性原子	中性分子	金属原子、正离子
结点上粒子间作用力	离子键	共价键	分子间力(氢键)	金属键
有无独立分子	无	无	有	无
熔点、沸点	高	很高	很低	较高
硬度	大	很大	—	较大
机械加工性	差	差	—	延展性好
溶解性	溶于水	差	极性分子可溶	不溶于水(活泼金属与水反应)
导电性	溶、熔可导电	溶、熔皆不导电	极性分子溶、熔可导电	良好

续表

参数及性质	晶体的基本类型			
	离子晶体	原子晶体	分子晶体	金属晶体
示例	活泼金属盐	ⅢA、ⅣA 族单质、互化物和氧化物,如 C、Si、Ge、B₄C、SiC、BN、AlN、SiO₂	常温下液、气态物质和易升华固体	金属单质和合金

3.2.1 原子晶体

原子晶体(atomic crystal)中周期排列的物质微粒为中性原子,原子与原子之间通常以强烈的共价键互相结合,构成一个具有空间网状结构的巨大分子。原子晶体中微粒的种类可以相同也可以不同,典型的原子晶体有金刚石、单晶硅和单晶锗、碳化硅和二氧化硅。原子晶体是由大量原子结合而成的,可用化学式表示物质的组成。单质的化学式直接用元素符号表示,两种以上元素组成的原子晶体,按各原子数目的最简比书写化学式。

由于共价键的方向性,晶体中原子的空间排列主要取决于共价键的空间指向;共价键的饱和性使得在原子晶体中,围绕着一个原子在其周围排列的其他原子的数目不会很多,即配位数较小,其数目取决于该原子能够形成共价键的数目。因此,原子晶体也称为共价晶体(covalent crystal)。例如,金刚石晶体中,每个碳原子都以四个 sp^3 杂化轨道与周围其他碳原子成键,所以金刚石晶体形成了正四面体的结构(图 3-14)。单晶硅和多晶硅统称为晶态硅,常温常压下 Si 的最稳定构型是金刚石结构(Si-Ⅰ,dc)[5],呈正四面体排列,每一个硅原子位于正四面体的顶点,并与另外四个硅原子以共价键紧密结合。这种结构可以延展得非常庞大,从而形成稳定的晶格结构。SiO_2 的空间排列与结构图见图 3-15。

图 3-14　金刚石的晶体结构

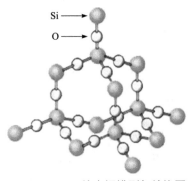

图 3-15　SiO_2 的空间排列与结构图

原子晶体中原子之间强烈的共价键作用使得破坏共价键时需要耗费很大能量，因此原子晶体硬度大，熔点、沸点高，不溶于一般的溶剂。例如，金刚石的熔点大约为 3570℃，硬度为 10。对不同的原子晶体，组成晶体的原子半径越小，共价键的键长越短，即共价键越牢固，晶体的熔点、沸点越高，如金刚石、碳化硅、硅晶体的熔点和沸点依次降低。原子晶体的熔点和沸点一般比分子晶体和离子晶体的高。

思考题

3-2 为什么原子晶体中原子的配位数较小？该配位数是由什么因素决定的？

3.2.2 分子晶体

分子晶体(molecular crystal)中周期排列的物质微粒为共价分子或单原子，分子或单原子之间通常以弱的分子间力(范德华力和/或氢键)互相作用，而分子内的原子之间则以强的共价键互相结合。例如，低温下 CO_2 的晶体呈面心结构(图 3-16)，CO_2 分子分别占据立方体的 8 个顶点和 6 个面的中心位置，CO_2 分子内部以 C=O 共价键结合，而在晶体中 CO_2 分子间只存在色散力。非金属单质(如 O_2、Cl_2、S、I_2)和某些化合物(如 CO_2、NH_3、H_2O 和苯甲酸、尿素等)在降温凝聚时可形成分子晶体。在分子晶体中存在独立的分子，由于分子之间只存在色散力，没有方向性与饱和性，因此分子晶体内部的分子一般尽可能地趋于紧密堆

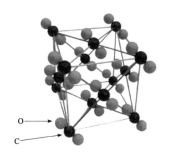

图 3-16 CO_2 的晶体结构

积的形式，配位数可高达 12。第 1 章表 1-3 列出的由于水分子之间存在灵活变动的氢键而形成 18 种不同结构的冰相就是一个很好的说明。

由于范德华作用力较弱，分子间的结合力不强，只要供给较少的能量，晶体就会被破坏，因此分子晶体的硬度较小，熔点较低，挥发性大，在常温下以气体或液体形式存在。即使在常温下呈固态的，也会因其挥发性大，蒸气压高，常具有升华性，如碘(I_2)、萘($C_{10}H_8$)等。分子晶体中晶格结点上是电中性分子，因此固态和熔融态时都不导电，它们都是性能较好的绝缘材料，而有一些分子晶体如冰醋酸溶于水后生成水合离子，则能导电。

绝大多数共价化合物都能形成分子晶体，只有很少的一部分共价化合物以原子晶体形式存在。

3.2.3 离子晶体

1. 离子晶体的一般特点

离子晶体(ionic crystal)中周期排列的物质微粒为正、负离子，正、负离子间以

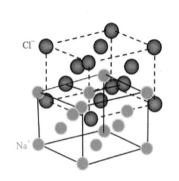

图 3-17　Na^+ 和 Cl^- 各自排列成面心立方体

离子键相结合，如 NaCl。在离子晶体中，正、负离子按照一定的格式交替排列，具有一定的几何外形。例如，NaCl 是正立方体晶体，Na^+与 Cl^-相间排列，每个 Na^+同时吸引 6 个 Cl^-，每个 Cl^-同时吸引 6 个 Na^+(图 3-17)。不同的离子晶体其离子的排列方式可能不同，形成的晶体类型也不一定相同。常见的离子晶体有强碱、大多数盐和活泼金属氧化物。某些有机化合物的阳离子和阴离子也可以形成离子晶体。

离子键没有方向性和饱和性。为保持系统的低能量状态，各离子尽可能多地吸引异号离子，因此离子晶体配位数一般较高。离子晶体中不存在单独的分子，整个晶体可以看成是一个巨型分子，化学式只代表正、负离子最简个数比。

离子晶体中，正、负离子间以较强的离子键相互作用，所以离子晶体一般具有较高的熔点和较大的硬度，延展性差，有脆性。其熔点、硬度等物理性质与晶格能的大小有关。

多数离子晶体易溶于水等极性溶剂。离子晶体的水溶液或熔融液都易导电。

例题 3-5

为什么 $CaCO_3$ 只能采用雕刻加工，而不能采用锻造加工？

解　这是因为 $CaCO_3$ 是离子晶体，在离子晶体中，正、负离子有规则地交替排列。当晶体受到外力冲击时，发生错位，即各层离子位置发生错动，如右图所示，正正离子相切，负负离子相切，彼此排斥，使吸引力大大减弱，离子键失去作用，所以硬度虽然很大，但比较脆，延展性较差。

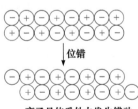

离子晶体受外力发生错动

---

2. 鲍林规则简介

1928 年，美国著名化学家鲍林(L. C. Pauling，1901—1994)根据当时已测定的

晶体结构数据和晶格能公式所反映的关系，提出了判断离子化合物结构稳定性的规则——鲍林规则[6]。鲍林规则共包括五条规则。

鲍林

1) 鲍林第一规则——配位多面体规则

配位多面体规则指出：离子晶体中，在正离子周围形成一个负离子多面体，正、负离子之间的距离取决于离子半径之和，正离子的配位数取决于离子半径比。第一规则实际上是对晶体结构的直观描述，如 NaCl 晶体是由[NaCl$_6$]八面体以共棱方式连接而成。

2) 鲍林第二规则——电价规则

电价规则指出：在一个稳定的离子晶体结构中，每一个负离子电荷数等于或近似等于相邻正离子分配给这个负离子的静电价强度的总和，其偏差≤1/4 价。静电价强度 S=正离子数 Z_+/正离子配位数 n，则负离子电荷数 $Z = \sum S_i = \sum (Z_{+i}/n_i)$。

3) 鲍林第三规则——多面体共顶、共棱、共面规则

多面体共顶、共棱、共面规则指出：在一个配位结构中，共用棱特别是共用面的存在会降低结构的稳定性，其中高电价、低配位正离子的这种效应更为明显。假设两个四面体共顶连接时中心距离为 1，则共棱、共面时各为 0.58 和 0.33。若是八面体，则各为 1、0.71 和 0.58。两个配位多面体连接时，随着共用顶点数目的增加，中心阳离子之间距离缩短，库仑斥力增大，结构稳定性降低。因此，结构中[SiO$_4$]只能共顶连接，而[AlO$_6$]可以共棱连接，在有些结构如刚玉中，[AlO$_6$]还可以共面连接。

电价规则有两个用途：判断晶体是否稳定和判断共用一个顶点的多面体的数目。例如，在 CaTiO$_3$ 结构中，Ca^{2+}、Ti^{4+}、O^{2-}的配位数分别为 12、6、6。O^{2-}的配位多面体是[OCa$_4$Ti$_2$]，则 O^{2-}的电荷数与 O^{2-}的电价相等，故晶体结构是稳定的。又如，一个[SiO$_4$]四面体顶点的 O^{2-}还可以和另一个[SiO$_4$]四面体相连接(2 个配位多面体共用一个顶点)，或者和另外 3 个[MgO$_6$]八面体相连接(4 个配位多面体共用一个顶点)，这样可使 O^{2-}电价饱和。

4) 鲍林第四规则——不同配位多面体连接规则

不同配位多面体连接规则指出：若晶体结构中含有一种以上的正离子，则高电价、低配位的多面体之间有尽可能彼此互不连接的趋势。例如，在镁橄榄石结构中，有[SiO$_4$]四面体和[MgO$_6$]八面体两种配位多面体，但 Si^{4+}电价高、配位数低，所以[SiO$_4$]四面体之间无连接，它们之间由[MgO$_6$]八面体所隔开。

5) 鲍林第五规则——节约规则

节约规则指出：在同一晶体中，组成不同的结构基元的数目趋向于最少。例

如，在硅酸盐晶体中，不会同时出现$[SiO_4]$四面体和$[Si_2O_7]$双四面体结构基元，尽管它们之间符合鲍林其他规则。这个规则的结晶学基础是晶体结构的周期性和对称性，如果组成不同的结构基元较多，每一种基元要形成各自的周期性、规则性，则它们之间会相互干扰，不利于形成晶体结构。

鲍林规则至今都在无机结构化学和矿物结构化学中起着重要指导作用。2018年，安德森(T. K. Anderson)写了一篇关于鲍林规则的综述文章[7]，讨论了鲍林规则作为一套表面结构指南的适用性。本书不展开讲述鲍林规则的应用，仅使用第一规则讨论离子型晶体的相关结构。

3. 配位多面体规则对离子型晶体的解释

表 3-2 列出的晶体七大晶系和表 3-3 列出的 14 种布拉维晶格的关系对离子晶体而言同样适用。离子晶体的结构具有多样性，但以形式最稳定的构型存在为原则。

在离子晶体中，离子的排布方式与下列因素有关：① 离子所带电荷多少(与离子化合物的价型有关，因为价型不同，静电引力就不同)；② 正、负离子的大小；③ 离子的极化作用大小。

一般，阳离子的半径小于阴离子的半径，因此在离子晶体中负离子做一定方式堆积，正离子则填充在其形成的多面体孔隙中。这样，就可以用"围绕正离子形成的负离子配位多面体"来讨论晶体结构。每个正离子的周围形成负离子配位多面体时，正、负离子的距离取决于它们的半径之和。正离子的配位数即负离子配位多面体的类型，则取决于正、负离子的半径之比。一般，离子晶体中当正、负离子之间的距离正好等于正、负离子的半径之和时，体系才处于最低能量状态，即当正、负离子处于最密堆积时，晶体是稳定的。密堆积就是离子间空隙最小的排列方式。正、负离子的排列和晶体稳定性的关系可用图 3-18 表示。

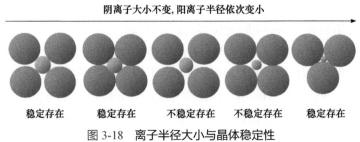

阴离子大小不变，阳离子半径依次变小

稳定存在　　稳定存在　　不稳定存在　　不稳定存在　　稳定存在

图 3-18　离子半径大小与晶体稳定性

由此可见，负离子配位多面体的形成类型可以使用等径球密堆结构处理。在等径球密堆结构中，在三维空间毗邻相切的数个球中间形成一些空隙，这些空隙恰好是阳离子的位置。因此，需讨论等径的负离子密堆积形成的空隙类型及空隙的大小。

1) 配位多面体的类型和正、负离子半径比规则

(1) 三角形配位。

3 个球在平面相切，3 个球的球心连线为正三角形(图 3-19)。设正、负离子的半径分别是 r 和 R，由图可知

$$\overline{AF} = R + r \qquad \overline{AD} = R$$

在 $Rt\triangle AFD$ 中

$$\angle FAD = 30°$$

$$\frac{\overline{AD}}{\overline{AF}} = \frac{R}{R+r} = \cos 30° = \frac{\sqrt{3}}{2}$$

$$r / R = \frac{2}{\sqrt{3}} - 1 = 0.155$$

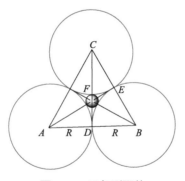

图 3-19　三角形配位

(2) 四面体配位。

4 个球排列形成四面体配位，用符号 T 表示。有两种方式，以纸面为参照：3 个球在下，1 个球在上，用符号 T_+表示；1 个球在下，3 个球在上，用符号 T_-表示。两者是有区别的，如果将四面体放在平面上，四面体体心距地面的中心距离为 1/3，距顶点的距离为 2/3。

如图 3-20 所示，四面体空隙可看作立方体中交替的 4 个顶点所形成的配位多面体，其中心落在立方体的体心。设立方体的边长为 a，配位球及其空隙半径分别为 R 和 r，因此其面对角线就是四面体的棱长，为 $\sqrt{2}a$，配位球的直径 $2R=\sqrt{2}a$，即 $a=\sqrt{2}R$，立方体的体对角线 $\sqrt{3}a = \sqrt{6}R$。所以有

$$R + r = \frac{\sqrt{6}R}{2} \qquad r/R = \left(\frac{\sqrt{6}}{2} - 1\right) = 0.225$$

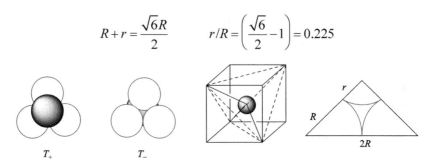

图 3-20 四面体配位及其离子半径比关系

(3) 正八面体配位。

6 个球排列形成八面体配位，用符号 O 表示。晶胞及其离子半径关系见图 3-21。正八面体配位多面体在立方体中可看作是由其 6 个面心球排列而成。其中赤道面如图 3-21(b)所示。由此可得

$$R + r = \sqrt{2}R \qquad r/R = (\sqrt{2} - 1) = 0.414$$

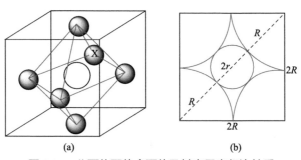

图 3-21 八面体配位多面体及其离子半径比关系

(4) 立方体配位。

8 个球排列形成立方体配位。由图 3-22 可见

$$\overline{BD} = 2(R + r) \quad \overline{CD} = 2R \quad \overline{BC} = 2\sqrt{2}R$$

$$\overline{BD}^2 = \overline{CD}^2 + \overline{BC}^2 \qquad [2(R + r)]^2 = (2R)^2 + (2\sqrt{2}R)^2$$

$$r/R = (\sqrt{3} - 1) = 0.732$$

(5) 三角柱空隙。

6 个球上下两列球心相对排列形成三方柱配位(图 3-23)。可推导出

$$r/R = 0.528$$

由此可见，正离子的负离子配位多面体的类型由正离子和负离子的半径比 r/R

决定，这就是离子半径比规则(ionic radius ratio rule)。表 3-6 总结了离子半径比和配位多面体类型的关系。

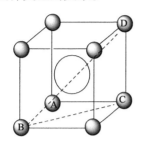

图 3-22　立方体配位多面体

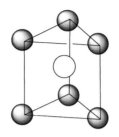

图 3-23　三角柱配位多面体

表 3-6　正离子和负离子的半径比 *r*/*R* 与负离子配位多面体类型的关系

类型	三角形	四面体	八面体	三角柱	立方体
r/*R*	0.155	0.225	0.414	0.528	0.732

2) 各种空隙在晶格中的位置

(1) 体心立方晶格的空隙。

如图 3-24 所示，体心立方晶格中，每个面的 4 个原子和以其共面的两个晶胞的体心位置的原子形成配位八面体，因此八面体空隙的中心落在 6 个面的面心及12 条棱的中心，平均每个晶胞中具有的八面体空隙数：6×1/2+12×1/4=6 个；每条棱的两个顶角原子和相邻两个晶胞体心原子构成配位四面体，配位四面体中心即空隙落在 6 个面上，位于相邻两条棱中心连线的 1/4 和 3/4 处，每个面上有 4 个，每个晶格中共有：1/2×2×2×6=12 个。因此，体心立方晶格中独立原子数、八面体空隙和四面体空隙的比例为

原子数 *n*：八面体空隙 *O*：四面体空隙 *T* = 2：6：12 = 1：3：6

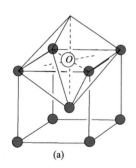
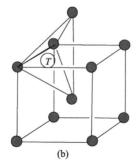
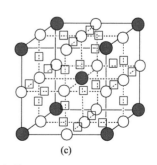

(a)　　　　　　　　　(b)　　　　　　　　　(c)

图 3-24　体心立方晶格中空隙的种类与位置

(2) 面心立方晶格。

面心立方晶格中配位八面体和配位四面体的构成如图 3-25(a)和(b)所示。配位八面体的中心即空隙落在其体心和 12 条棱的中心：1/4×12+1=4 个；配位四面体则是由一个顶角原子与以其为共顶点的 3 个面的面心原子所构成，它恰好是晶胞划分为 8 个小立方体的 4 个不相邻顶角组成的。依照晶胞密置层 ABCA 的前后次序，配位四面体可分为两类：一类是一个原子在前、三个原子在后，记作 T_-，共 4 个；另一类是三个原子在前、一个原子在后，记作 T_+，也是 4 个。它们交替占据晶格内部划分的 8 个小立方体。面心立方晶格中原子数和空隙数的关系为

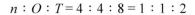

$$n : O : T = 4 : 4 : 8 = 1 : 1 : 2$$

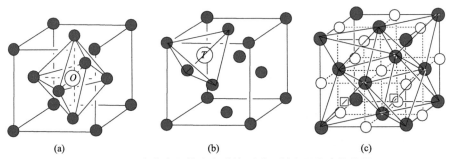

图 3-25　面心立方晶格中空隙的形成及其在晶胞中的位置

(3) 六方密堆晶格。

六方密堆晶格可以表示成如图 3-26 所示的六方柱的格子，这时位于顶层的 3 个毗邻原子和位于中间层上 3 个毗邻原子构成配位八面体[图 3-26(a)]，而位于顶层的 3 个毗邻原子与其下方的一个中间层原子构成配位四面体[图 3-26(b)]。六方密堆晶格还可以取其晶胞的 1/3 来描述，如图 3-26(c)所示。

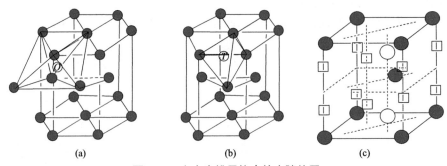

图 3-26　六方密堆晶格中的空隙位置

图 3-26 中标出了上下球心的 4 条连线，以及上下顶层三个球密置中心之间的两条空隙连线。而配位八面体的中心即八面体空隙中心位于一条顶层空隙连线的

距下底 1/4 和 3/4 处，每条线有 2 个；四面体空隙位于上、下底的 3 条原子连线，以及 1 条顶层原子空隙连线距下底的 3/8 和 5/8 处，每条线有 2 个。由于 3 条原子连线的空隙只单独拥有 1/3，实际总和为 4 个。折合到六方柱体系有

$$n:O:T=6:6:12=1:1:2$$

综上，讨论了常见的晶格中配位八面体和配位四面体的构成，以及配位多面体的中心，可称为密堆结构中原子的空隙在晶格中的位置和数量。上述讨论结果汇总见表 3-7。

表 3-7　常见晶格中的空隙及其数量关系

晶格类型	原子数 n	八面体 O	四面体 T	$n:O:T$
体心立方	2	6	12	$1:3:6$
面心立方	4	4	8	$1:1:2$
六方密堆	6	6	12	$1:1:2$

3) 立方晶系 MX 型离子晶体的结构举例

对于最简单的立方晶系 MX 型离子晶体，有以下几种典型的结构类型，它们有不同的配位数(图 3-27)。

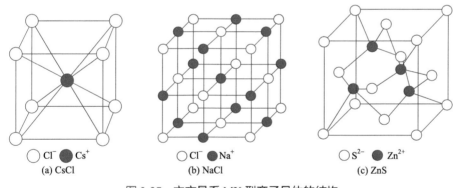

○ Cl⁻ ● Cs⁺
(a) CsCl

○ Cl⁻ ● Na⁺
(b) NaCl

○ S²⁻ ● Zn²⁺
(c) ZnS

图 3-27　立方晶系 MX 型离子晶体的结构

(1) CsCl 型。

由于金属离子的半径较大，已接近负离子的半径，负离子不能再保持最密堆积状态，而是按简单立方堆积排列，正离子正好嵌在由负离子所构成的立方体的中央，形成体心立方晶格。整个晶体由正、负两种离子穿插排列而成，每种离子都以同样的形式联系在一起。正、负离子配位数都是 8，常记作 8:8，晶胞中正、负离子个数分别等于 1(1/8×8 =1)。典型的例子就是 CsCl(图 3-28)，因此常把这种堆积称为 CsCl 型。

CsCl 型晶体的原子的坐标为：Cl^- (0,0,0)，Cs^+ (1/2,1/2,1/2)。

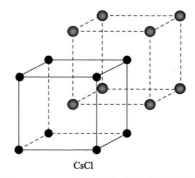

CsCl

图 3-28　CsCl 晶体结构中的八面体空隙

思考题

3-3　如何算得 CsCl 型堆积中晶胞中的每种原子的配位数都是 8？晶胞单独占有的原子数为 2？

3-4　体心立方晶格属于立方晶系，其晶格参数特征为 $a = b = c$，$\alpha = \beta = \gamma = 90°$。试通过画图找出原子的半径 r 和晶胞参数 a 的关系。提示：先做出以立方体的地面对角线为底、立方体的高为高的截面。

(2) NaCl 型。

在 NaCl 型的晶体结构中(图 3-29)，其中负离子 Cl^- 按面心立方密堆积排布，面心正离子 Na^+ 则嵌在八面体空隙中，在其 8 个顶角和 6 个面上各有 1 个离子，每个晶胞的离子数 $n = 1/8 \times 8 + 1/2 \times 6 = 4$。此类结构中，正、负离子配位数都是 6，晶胞中正、负离子数目各为 4。

NaCl 型晶体的原子分数坐标为

Cl^-：(0,0,0)　(1/2,1/2,0)　(1/2,0,1/2)　(0,1/2,1/2)

Na^+：(1/2,0,0)　(0,1/2,0)　(0,0,1/2)　(1/2,1/2,1/2)

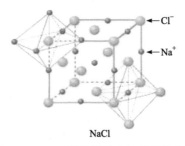

NaCl

图 3-29　NaCl 晶体结构中的八面体空隙

思考题

3-5　如何算得 NaCl 型堆积中，晶胞中的每种原子的配位数都是 6？晶胞单独占有的原子数为 8？

3-6　面心立方晶格属于立方晶系，其晶格参数特征为 $a = b = c$，$\alpha = \beta = \gamma = 90°$。试通过画图找出原子的半径 r 和晶胞参数 a 的关系。

(3) ZnS 型。

在立方 ZnS(闪锌矿，zinc blende)型离子晶体中(图 3-30)，正、负离子配位数是 4。此类结构中，金属离子通常嵌在由负离子形成的立方密堆积结构的四面体空隙中。立方密堆积结构具有面心立方晶格，晶胞中正、负离子数各为 4(n=1/8×8+ 1/2×6 = 4)。

ZnS 型晶体的原子分数坐标为

S^{2-}：(0,0,0)　　(1/2,1/2,0)　　(1/2,0,1/2)　　(0,1/2,1/2)

Zn^{2+}：(1/4,1/4,1/4)　　(3/4,3/4,1/4)　　(3/4,1/4,3/4)　　(1/4,3/4,1/4)

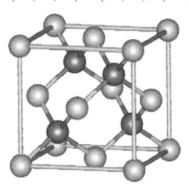

图 3-30　ZnS 晶体结构中的八面体空隙

由以上三例可以看到，离子晶体的稳定条件是正、负离子尽可能接触，配位数尽可能大。这个条件是受正、负离子半径比(r/R)制约的。正、负离子半径比与典型的立方晶系 MX 型离子晶体结构之间的关系见表 3-8。

表 3-8　典型的立方晶系 MX 型离子晶体的结构类型

离子晶体类型	负离子堆积方式	正离子所占间隙	正、负离子配位数	r/R	晶体实例
CsCl 型	简单立方堆积	立方体	8∶8	0.732～1	CsCl, CsBr, CsI, TlCl, NH₄Cl, TlBr, TlI
NaCl 型	面心立方密堆积	八面体	6∶6	0.414～0.732	MX(M = Li, Na, K, Rb; X = F, Cl, Br, I) MX(M = Mg, Ca, Sr; X = O, S, Se, Te), BaX(X = O, S, Se, Te), AgX(X = F, Cl, Br), CdO

续表

离子晶体类型	负离子堆积方式	正离子所占间隙	正、负离子配位数	r/R	晶体实例
ZnS 型	面心立方堆积	四面体	4 : 4	0.225~0.414	MgTe, BeX(X = O, S, Se, Te), CuX(X = F, Cl, Br), ZnX(X = O, S, Se, Te), AgI, HgX(X = O, S, Se, Te)

当然，并非所有离子型晶体化合物的构型都严格地遵循离子半径比规则。由于离子半径数据不十分精确和离子相互作用因素的影响，根据半径比规则推测的结果有时与实际晶体类型有出入。例如，在氯化铷中，Rb^+ 与 Cl^- 的半径比 $r/R = 0.82$，应属于配位数为 8 的 CsCl 型，而实际上它的配位数为 6，属于 NaCl 型。当半径比 r/R 值接近极限值时，要考虑该晶体有可能同时存在两种构型。

思考题

3-7 对不同的离子晶体类型，r/R 的值是如何计算的?

3.2.4 金属晶体

1. 金属晶体的一般特点

金属晶体中周期排列的物质微粒为金属原子或金属正离子，它们之间依靠金属键互相结合。绝大多数金属单质及一些金属合金属于金属晶体，如镁、铝、铁和铜等。

金属晶体中，金属键没有方向性和饱和性，金属原子或金属正离子尽可能趋于紧密堆积的形式，这种堆积可使金属原子或正离子都有较高的配位数。元素周期表中约有 2/3 的金属原子配位数高达 12，也有配位数为 8 或 6 的。

根据金属键的电子海模型理论，金属晶体中存在金属离子(或金属原子)和自由电子，金属离子和自由电子之间存在较强烈的金属键，自由电子在整个晶体中自由运动，使得金属晶体具有良好的导热和导电性；自由电子可以吸收可见光，并将能量向四周散射，使得金属不透明，具有金属光泽；当金属受外力时，金属原子之间容易相对滑动，但由于金属键没有方向性，金属键仍存在，金属即使形变也不易断裂，表现出良好的延展性和机械强度；金属离子的半径越小、离子电荷越高，金属键越强，金属的熔点、沸点越高。例如，周期系 Ⅰ A 族金属由上到下，随着金属离子半径的增大，熔点、沸点递减。第三周期金属按 Na、Mg、Al 的顺序，熔点、沸点递增。

金属晶体中不存在游离的金属原子，通常用元素符号代表金属单质的化学式。

2. 等径球堆积方式与金属晶体结构

在一百多种化学元素中，金属约占 80%。它们的晶体可以采用等径球堆积进行描述。因为金属键没有方向性，这种堆积有较多的配位数，堆积比较紧密，常用符号 A$_1$、A$_2$、A$_3$ 等表示。

1) 体心立方晶格

体心立方晶格(图 3-31)属于立方晶系，其晶格参数特征为 $a=b=c$，$\alpha=\beta=\gamma=90°$，晶胞单独占有的原子数为 $n=1/8×8$(顶角)$+1$(体心)$=2$；在体心位置的原子有 8 个最近邻的原子(顶角)。每个金属原子的配位数(coordination number)CN $= 8$。取该晶胞的[110]晶面，即以立方体的底面对角线为底、立方体的高为高的截面。从中可以看出，原子的半径 r 和晶胞参数 a 的关系：

$$(4r)^2 = a^2 + (\sqrt{2}a)^2 \qquad r = \frac{\sqrt{3}}{4}a$$

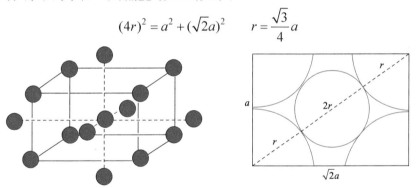

图 3-31　体心立方晶胞及其[110]晶面

例如，α-Fe 呈体心立方结构，其 $a =286.4$ pm，故 $r =124.1$ pm。

另外，在相邻的 6 个晶胞的体心位置原子也与每个原子以较远的距离配位，其距离恰为晶胞参数 a，而顶角原子与体心原子的距离为 $\frac{\sqrt{3}}{2}a$。两种配位原子的距离比为

$$a : \frac{\sqrt{3}}{2}a =1.15 : 1$$

换句话说，体心立方晶格中每个原子周围有 14 个配位原子。其中 8 个(该晶胞的顶角)为近邻(距离为 d)，另有 6 个(其他毗邻晶胞的体心原子)较远(距离为

1.15d)。

晶体堆积系数(accumulation coefficient)K用于表示晶胞结构的致密度。其物理意义是单位晶胞体积中原子的总体积数，数值上等于晶胞中原子总体积与晶胞体积的比值，即 $K = nV_{原子}/V_{晶胞}$。对于立方晶胞有

$$K = \frac{2 \times \frac{4}{3}\pi\left(\frac{\sqrt{3}}{4}a\right)^3}{a^3} = 0.6801$$

2) 面心立方晶格

等径球在二维平面排列时两两相切，可在一个平面上达到最密堆积，此时每个球与近邻的 6 个球相切，球心的位置在 A，称为密置层 A[图 3-32(a)]；在 A 层中，每毗邻相切的 3 个球之间形成一个曲边三角形的空隙，两球在上、一球在下形成的空隙(三角形顶点朝上)记作 B，一球在上、两球在下形成的空隙(三角形顶点朝下)记作 C。与 A 层相同的第二个密置层在 A 层上堆积时，可以置于 A 层的B 空隙或 C 空隙中，若位于 B 空隙则形成第二个密置层 B 层[图 3-32(b)]；再继续堆积第三层时有两种方式：堆积在 A 层的正上方，则形成 ABAB…的堆积[图 3-32(c)]，从中抽出最小晶胞[图 3-32(e)]，这是六方密堆积；堆积在 A 层的 C 空隙的正上方，形成第三个密置层 C，再堆积第四层只能在 A 层球心的正上方，依次循环则形成 ABCABC…的堆积[图 3-32(d)]，从中抽出最小晶胞[图 3-32(f)]，这是面心立方密堆积。

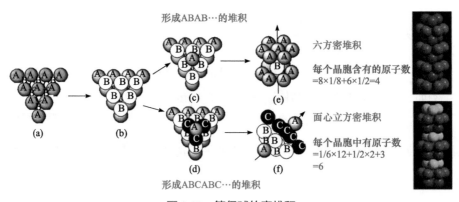

图 3-32　等径球的密堆积

面心立方晶格属于立方晶系(图 3-33)，在其 8 个顶角和 6 个面上各有 1 个原子，每个晶胞的原子数 $n = 1/8 \times 8 + 1/2 \times 6 = 4$。立方体的面就是[100]晶面。晶胞参数 a 和原子半径 r 的关系如下：

$$(4r)^2 = a^2 + a^2 = 2a^2 \qquad 4r = \sqrt{2}a$$

$$r = \frac{\sqrt{2}}{4}a$$

堆积系数
$$K = \frac{4 \times \frac{4}{3}\pi\left(\frac{\sqrt{2}}{4}a\right)^3}{a^3} = 0.7405$$

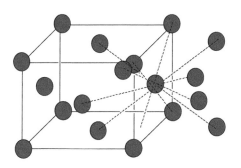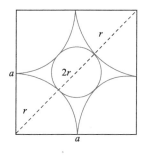

图 3-33　面心立方晶胞及其[100]晶面

　　每个原子(以面心原子为例)的周围有 12 个原子，其中 4 个为与其相邻的顶角原子，另外 8 个为与其相邻的左右两侧的前后、上下共 8 个面的面心原子。所以，面心立方体中原子的配位数 CN=12。

3) 密排六方晶格

　　六方晶体堆积方式如图 3-34 所示，晶胞为六方柱，底面为正六边形，边长为 a，柱高为 c。每个晶胞中的原子数 $n = 1/6 \times 12 + 1/2 \times 2 + 3 = 6$。原子半径为

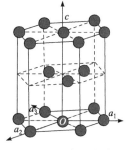

图 3-34　六方晶胞结构

$$r = 1/2a$$

　　理论上，上、下层内原子间的距离和层间的原子间距离相等，即 $d = a$，则 $c = 2\dfrac{\sqrt{2}}{3}a$，其轴比 $c/a = 1.633$，堆积系数为

$$K = \frac{6 \times \frac{4}{3}\pi\left(\frac{1}{2}a\right)^3}{3\sqrt{2}a^3} = 0.7405$$

　　实际晶体的轴比往往偏离理论值 1.633；如果 $c/a > 1.633$，则 $d > a$，说明层间原子距离大于层内原子距离，也就是说，层内原子处于邻近配位位置，层间原子

处于次邻近配位位置；如果 $c/a<1.633$，则 $d<a$，说明层内原子距离大于层间原子距离，也就是说，层间原子处于邻近配位位置，层内原子处于次邻近配位位置。配位数总和达到 12，因此也是最紧密堆积。

4) 非密堆晶体结构

从堆积系数 K 来看，前面所述的几种堆积形式为紧密堆积和最紧密堆积。但还有立方堆积和四面体堆积等，它们的堆积系数要小得多，所以称为非密堆晶体结构。简单立方晶格和四面体晶格见图 3-35。

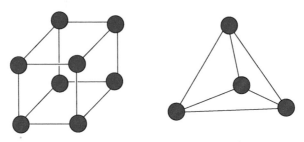

图 3-35 简单立方晶格和四面体晶格

简单立方晶格原子数为 1，配位数 CN=6，其原子半径 r 和堆积系数 K 为

$$r=\frac{1}{2} \qquad aK=\frac{\frac{4}{3}\pi\left(\frac{1}{2}a\right)^3}{a^3}=0.5209$$

四面体晶格即金刚石晶格，配位数 CN=4，原子半径 r 和堆积系数 K 为

$$r=\frac{\sqrt{3}}{8}a \qquad K=\frac{8\times\frac{4}{3}\pi\left(\frac{\sqrt{3}}{8}a\right)^3}{\left(\frac{8}{\sqrt{3}}\right)a^3}=0.3401$$

5) 纯金属的晶体结构

等径球的密堆积结构原则上只适宜于描述纯金属的晶体结构，但它们也是离子化合物晶体结构描述的基础。

表 3-9 给出了上述讨论的总结。表 3-10 给出了周期表中金属单质的晶体结构类型。可以看出，按元素周期表分区，各区金属元素单质的晶体结构几乎都存在两种以上的结构，并呈现一些规律性，包括 f 区在内的过渡金属单质的晶体结构呈现较多的多晶现象。例如，金属 Fe 会呈现 3 种晶体类型；s 区金属和 p 区金属一般只有一种晶体类型，特别是碱金属单质都是 BCC 结构，而ⅣA 族金属即所谓的半导体金属都是四面体结构。

表 3-9 等径球密堆积与晶胞特征参数

密堆积	晶格类型	原子半径与晶胞参数 a 的关系	晶胞中原子数	堆积系数 K
A_1	FCC	$r = \frac{\sqrt{2}}{4}a$	4	0.7405
A_2	BCC	$r = \frac{\sqrt{3}}{4}a$	2	0.6801
A_3	HCP	$r = \frac{1}{2}a$	6	0.7405
A_4	四面体	$r = \frac{\sqrt{3}}{8}a$	8	0.3401
A_7	简单立方	$r = \frac{1}{2}a$	1	0.5239

表 3-10 周期表中金属单质的晶体结构类型分布

结构	主族金属		d 区过渡金属				f 区过渡金属			
FCC	Ca Al Pb Sr				Fe Co Ni Cu Rh Pd Ag Ir Pt Au		Ce	Pr	Yb	Th
BCC	Li Ba Na K Rb Cs		Ti V Cr Fe Nb Mo Ta W							
HCP	Be Tl Mg	Sc Ti Y Zr La Hf	Fe Co Ni Cu Ru Cd Os				Ce Pu Nd Tm Eu Gd Td Lu Ho Dr Er			
四面体	Si Ge Sn Pb									

思考题

3-8 表 3-9 中不同等径球堆积结构中原子半径与晶胞参数 a 的关系是怎么推导出的?

3-9 你认为金属晶体的堆积还会有哪些类型?

以上介绍了按晶体质点之间的作用力分类的 4 种典型结构。实际上,很多晶体的质点之间存在键型过渡(图 3-36),因而会形成一系列过渡型晶体或混合型晶体。例如,石墨和六方氮化硼就是混合型晶体的典型例子(图 3-37):同一层内类似原子晶体结构,而层与层之间类似分子晶体。另外,离子的极化也会影响键型,所以也会影响到晶体结构。

图 3-38 为 4 种典型无机晶体结构的构效关系图。

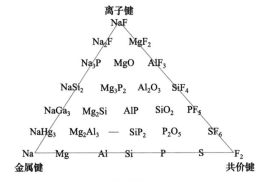

图 3-36　化学键型变异现象

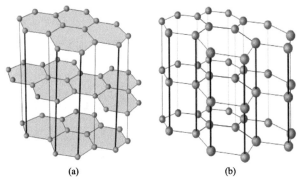

图 3-37　石墨(a)和六方氮化硼(b)的结构

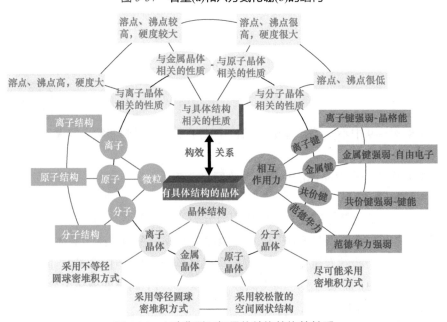

图 3-38　4 种典型无机晶体结构的构效关系

3.3　晶体缺陷简介

3.3.1　概念

在理想完美晶体中，原子按一定次序严格地处在空间有规则的、周期性的格点上。但对于实际晶体，由于晶体形成条件、原子的热运动及其他条件的影响，原子的排列不可能那样完整和规则，往往存在偏离理想晶体结构的区域。这些与完整周期性点阵结构的偏离就是晶体中的缺陷，它破坏了晶体的对称性。实际上，所有的晶体均有缺陷。缺陷的重要性在于它们能够影响晶体的性质，如机械强度、导电性、耐磨性、耐腐蚀性和化学反应性能等。例如，没有缺陷的金属丝会比存在缺陷的金属丝的强度高 10000 倍以上。显然，对这类材料应当在制备工艺上尽力克服缺陷的存在，制造出低缺陷或"没有"缺陷的材料。另一方面，许多材料正是由于缺陷的存在，才具有特殊的物理化学性质。例如，肯尼恩(P. T. Kenyon)等[8]提出以大晶胞参数的晶体作为铬离子的基质可寻找出红外可调谐激光晶体的设想后，立刻在一系列晶胞参数较大的掺铬石榴石晶体实现了可调谐激光发射[9-10]，即纯 Al_2O_3 晶体只有掺入杂质 Cr^{3+} 才成为激光材料。众所周知，荧光材料只有在某种基质晶体中引入"杂质"的发光中心才能起到作用。作为新一代照明光源，白光发光二极管(white light emitting diode，W-LED)因具有节能环保、体积小、发热量低、安全可靠、使用寿命长、环境友好、反应速率快、无频闪等诸多优点，被广泛用于室内照明、信号指示、汽车照明、农业照明、液晶显示器背光源等领域[11-13]。在此类 LED 器件中加入能被蓝光激发的红色荧光粉材料，可以提高显色指数，降低色温，获取应用更广泛的暖白光 LED[14-16]。于是，人们以 Mn^{4+} 激活氟化物，通过晶片化学侵蚀法[17-19]、水热法[20-22]、化学共沉淀法[23-25]成功地得到了所需红色荧光粉。

缺陷研究是功能材料化学研究的重要内容，只有深入掌握缺陷的形成、分布、相互作用及运动规律，才能自由地控制缺陷的形成及浓度，从而改善材料性能，创造新材料。

3.3.2　缺陷产生的原因

实际晶体就是天然存在的或者人工合成的实在晶体，均或多或少地存在着对理想晶体的偏离。究其原因主要有以下几方面。

1. 热力学原因

排列在晶格格点的原子、分子或离子，除非是在热力学 0 K 时才会停止热运动，在 0 K 以上的任何温度，晶格格点的热运动形式主要是振动，会形成体系能量的涨落，导致格点粒子离开它应该在的格点。因此，所有晶体都有产生点缺陷的热力学倾向。缺陷使晶体由有序结构变为无序结构，从而使熵值增加。有缺陷的晶体的吉布斯自由能来自焓和熵两方面的贡献，由于熵是体系无序度的量度，因而任何实际晶体的熵值都高于完美晶体(热力学第三定律)。这就是说，缺陷对晶体吉布斯自由能的贡献是负项。缺陷的形成通常是吸热过程，因为缺陷晶体的焓值较高，但只要 $T>0$，吉布斯自由能在缺陷的某一非零浓度将会出现极小值[图 3-39(a)]，即缺陷会自发形成。而且，温度升高时吉布斯自由能的极小值向缺陷浓度较高的方向移动[图 3-39(b)]。这种由于热力学原因而存在的缺陷称为固有缺陷(inherent defect)。

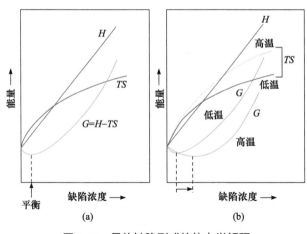

图 3-39　晶体缺陷形成的热力学解释

2. 晶体学堆垛原因

在自然界形成或者人工合成过程中，由于影响晶体生长的因素，如温度、压力、介质组分浓度等变化，引起原子错位而形成晶体缺陷。众所周知的碳纳米管[26-27]作为一维纳米材料，质量轻，六边形结构连接完美，具有许多特异的力学、电学和化学性能。近些年随着碳纳米管及纳米材料研究的深入，其广阔的应用前景也不断地展现出来。根据管状物的石墨片层数可以把碳纳米管分为单壁碳纳米管(single-walled carbon nanotube，SWNT)和多壁碳纳米管(multi-walled carbon nanotube，MWNT)(图 3-40)。随着碳纳米管管壁层数的增加，缺陷和化学反应性增强，表面化学结构趋向复杂化。碳纳米管的结构参数由指数确定，不同的 n 和 m 对应不同的手性矢量、手性角、卷曲方式、直径和周长等结构参数[28]。根据卷起的方向矢量 (n, m) 不同，SWNT 大致可呈现金属性($n-m = 3k$，k 为整数，无能隙)或半导体性($n-m \neq 3k$，k 为整数，有能隙)。根据折起的外部形态的不同，SWNT 可分为扶手椅式、锯齿式和手性式[29]。通常，当 $m = n$ 时，称为扶手椅形管；当 $m = 0$ 时，称为锯齿形管；其他则一般称为手性管(图 3-41)。

材料这样的堆垛方式显然是要求很高的。科学家通过不同的制备方法，包括电弧放电法、辉光放电法、激光烧蚀法、化学气相沉积法(碳氢气体热解法)、固相热解法、气体燃烧法及聚合反应合成法等，实现在生长过程中对碳纳米管壁数、直径、长度及取向进行人为调控[30]。

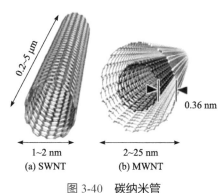

图 3-40　碳纳米管

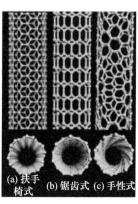

图 3-41　SWNT 结构分类

3. 化学制备原因

晶体制备过程中，无论是一般合成还是有目的的超净超纯合成，无论是有意还是无意，合成体系中的某些原子或分子会进入晶体中成为杂质原子。这种非热力学原因造成的缺陷称为外赋缺陷，又称杂质缺陷。这种缺陷可通过提纯或改变合成条件而得到控制。

因此，实际存在的晶体必然存在某种不完美性，而存在缺陷的晶体就称为缺陷晶体(imperfect crystal)。

思考题

3-10　实际晶体与完美晶体有哪些不同?

3-11　你认为用点阵结构描述实际晶体有意义吗?

3.3.3 缺陷的类型

晶格缺陷往往表现为晶体结构中局部范围内质点的排布偏离周期性重复的空间格子规律而出现错乱的现象。根据错乱排列的展布范围，分为下列三种主要类型。

1. 点缺陷

点缺陷(point defect)只涉及大约一个原子大小范围的晶格缺陷。它包括：晶格位置上缺失正常应有的质点而造成的空位；由于额外的质点充填晶格空隙而产生的填隙；由杂质成分的质点替代了晶格中固有成分质点的位置而引起的替位等(图 3-42)。

在类质同象混晶中替位是一种普遍存在的晶格缺陷。

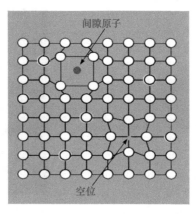

图 3-42　点缺陷示意图

2. 线缺陷——位错

位错(dislocation)的概念是 1934 年由泰勒(G. Taylor，1886—1975)提出的，到 1950 年才被实验所证实[31]。具有位错的晶体结构可看成是局部晶格沿一定的原子面发生晶格滑移的产物。滑移不贯穿整个晶格，晶体缺陷到晶格内部即终止，在已滑移部分和未滑移部分晶格的分界处造成质点的错乱排列，即位错。已滑移区和未滑移区的交线称为位错线。位错有两种基本类型：位错线与滑移方向垂直，称刃位错(edge dislocation)，也称棱位错；位错线与滑移方向平行，则称螺旋位错。刃位错恰似在滑移面一侧的晶格中额外多了半个插入的原子面，后者则在位错线处终止(图 3-43)。螺旋位错在相对滑移的两部分晶格间产生一个台阶，但此台阶到位错线处即告终止，整个面网并未完全错断，致使原来相互平行的一组面网连成了恰似由单个面网所构成的螺旋面。

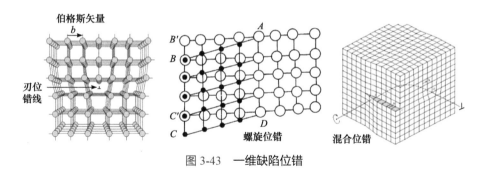

图 3-43　一维缺陷位错

3. 面缺陷

面缺陷(planar defect)是沿着晶格内或晶粒间的某个面两侧大约几个原子间距范围内出现的晶格缺陷(图 3-44)，主要包括堆垛层错，以及晶体内和晶体间的各种界面如小角晶界、畴界壁、双晶界面及晶粒间界等。堆垛层错是指沿晶格内某一平面，质点发生错误堆垛的现象。例如，一系列平行的原子面，原来按ABCABCABC…的顺序呈周期性重复地逐层堆垛，如果在某一层上违反了原来的顺序，如表现为 ABCABCAB｜ABCABC…，则在画线处就出现一个堆垛层错，该处的平面称为层错面。堆垛层错也可看成晶格沿层错面发生相对滑移的结果。小角晶界是晶粒内两部分晶格间不严格平行，以微小角度的偏差相互拼接而形成的界面，它可以看成是一系列位错平行排列导致的结果。在具有所谓镶嵌构造的晶格中，各镶嵌块之间的界面就是一些小角晶界。

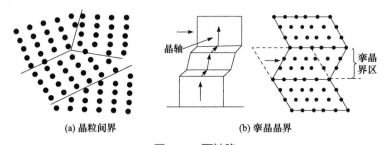

(a) 晶粒间界　　　　(b) 孪晶晶界

图 3-44　面缺陷

也有人把晶体中的包裹体等归为晶体缺陷而归为一类体缺陷,主要是沉淀相、晶粒内的气孔和第二相夹杂物等。

图 3-45 给出了晶体中缺陷的详细分布类型。

晶体是十分有趣的固体物质,从内部结构上看,晶体具有长程有序的格子构造,形成了晶体材料对称性和各向异性等特点。由此,具有了一系列非晶态材料所不可能具备的电学、光学、力学、磁学和热学性质,从而产生了一类反映这些

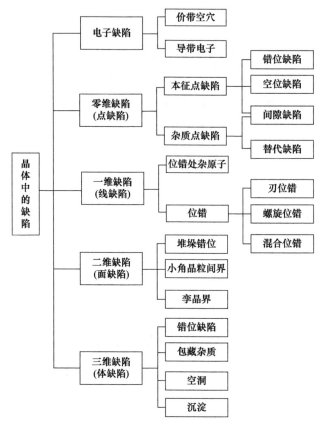

图 3-45　晶体中缺陷的分布类型与分类

性质的物理量之间的物理效应，即交互效应。正是这些神奇的交互效应使力、声、光、热、电、磁等能量的不同表现形式在晶体中相互转化，从而使晶体材料成为现代科技及其产业不可或缺的关键材料。当然，它们更是人们日常生活离不开的材料。例如，人类每天食用的氯化钠晶体，电视机、电冰箱等的内部都有大量晶体制成的器件，计算机的 CPU、内存、硬盘等都是大量晶体器件在起关键作用。

3.4　准晶体简介

3.4.1　概念

前面讲述了固态凝聚物的一般特点，图 3-46 为自然界中固态物质的占比示意图。根据原子排列的有序性及旋转对称性的差异，固态物质可以简单地分为三类，即非晶体(amorphou)、准晶体(quasicrystal)与晶体(crystal)。

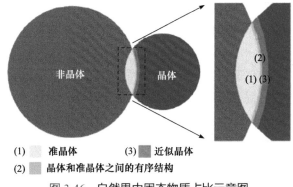

(1) ☐ 准晶体　　(3) ☐ 近似晶体
(2) ☐ 晶体和准晶体之间的有序结构

图 3-46　自然界中固态物质占比示意图

晶体具有长程有序的原子排列,其结构模型可以简单地通过单个原子或原子簇重复来描述;非晶体是长程无序结构,原子排列不存在确切的旋转对称,如玻璃、非晶合金和无定形碳等[32]。准晶体是一种介于晶体和非晶体之间的固体。准晶体具有与晶体相似的长程有序的原子排列,但是不具备晶体的平移对称性,因而可以具有晶体所不允许的宏观对称性。准晶体又称为准晶或拟晶。晶体的旋转对称性是严格受限的:即允许 2 次、3 次、4 次和 6 次旋转对称,但是 5 次、7 次及 7 次以上的旋转对称都是禁止的[33]。准晶具有长程有序结构,但没有晶格周期性(即不存在平移周期性),其原子排列具有旋转对称性,但都不是传统晶体允许的 2 次、3 次、4 次和 6 次旋转对称。例如,三维二十面体准晶(5 次旋转对称)[33-39]、二维八边形准晶(8 次旋转对称)[40-41]、二维十边形准晶(10 次旋转对称)[42-45]、二维十二边形准晶(12 次旋转对称)[46-48]等。

3.4.2　准晶体的发现

1982 年,以色列化学家舍特曼(D. Shechtman,1941—)发现了准晶体材料[49]。但是他的观点与 17 世纪中叶作为一门学科出现的晶体学[50-52]的概念相悖。就连 20 世纪最伟大的化学家之一的鲍林都是著名的准周期性晶体的反对者,他曾说世界上根本就没有准晶体这种东西,他在 *Science News* 上发表文章的标题是:"准晶体是胡言乱语"(The Nonsense about Quasicrystal),反对的激烈程度可见一斑。舍特曼也被迫离开研究团队。随后,舍特曼去了法国、日本,拍摄到三重、五重和两重对称的照片,并向外界展示了所拍摄的照片,发表了著名的科学论文[34],他才重新定义了准晶体,引发了 20 世纪 80 年代和 90 年代准晶体研究的热潮。舍特曼因此荣获 2011 年诺贝尔化学奖。在准晶体的基础理论方面,我国从准晶体被首次发现后的很长一段时间内保持着国际领先地位[33]。

2015 年 5 月,在广州举行的第 17 届中国科学技术协会年会"国际科学大师论坛"上，舍特曼讲述了他认为发现准周期性晶体的几个要素[53]：第一，利用透射电子显微镜(TEM)。由于准周期性晶体非常小，需要通过这种特殊的仪器才能发现。第二，专业的水平，研究人员要知道如何使用 TEM，还要知道什么情况下使用。第三，研究要有韧性。当发现很难解释的现象时，不能轻易放弃。虽然人们经常发现没有实验结果的现象，但是偶尔也会有惊天动地的发现。第四，要相信自己。如果没有专业水平，就无法相信自己；找到自己喜欢的领域，成为该行业最佳的人才。第五，要有弹性，即恢复力。

图 3-47 为典型三维二十面体准晶体的电子衍射图谱、二十面体准晶体的高分辨 HAADF-STEM 图像和原子模型[54]。

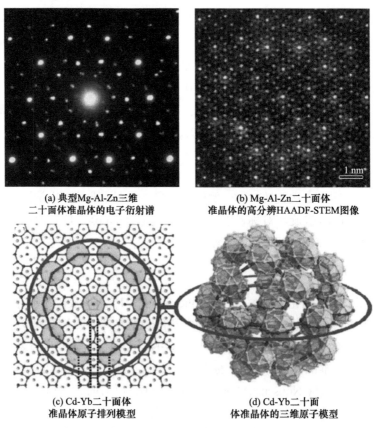

(a) 典型Mg-Al-Zn三维
二十面体准晶体的电子衍射谱

(b) Mg-Al-Zn二十面体
准晶体的高分辨HAADF-STEM图像

(c) Cd-Yb二十面体
准晶体原子排列模型

(d) Cd-Yb二十面
体准晶体的三维原子模型

图 3-47　准晶体的电子衍射图、高分辨 HAADF-STEM 图及原子模型

3.4.3　准晶体的分类

准晶体的分类方法较多，如准晶体的旋转对称轴次、准周期维数、热力学稳定性及合金组元等多种分类方法。

按照准晶体旋转对称轴次分类，可分为五次、八次、十次和十二次等旋转对称准晶体，由于五次旋转对称准晶体的空间分布符合二十面体点群的对称性，因此也称为二十面体准晶体。

按照准晶体结构角度分类，可分为三维、二维及一维准晶体。其中三维准晶体的原子结构在三维空间呈现准周期性，是准晶体中数量最多的一种。目前已发现的二十面体准晶体和立方准晶体均属于三维准晶体，其中二十面体准晶体又可分成简单二十面体准晶体及面心二十面体准晶体两类；二维准晶体的准周期性存在于与该主轴正交的二维平面上，而在主轴上呈现周期性。已发现的二维准晶体包括十重、十二重、八重和五重准晶体等四类；一维准晶体的原子结构在三维空间的其中一个维度呈现准周期性，而在另外两个维度呈现周期性。

按照准晶体的热力学稳定性划分，可分为亚稳准晶体和稳定准晶体两类。亚稳准晶体以热力学亚稳态存在，制备方法多数采用快速凝固法。早期发现的 Al-Ni-(Co, Fe)[55]、Al-Cu-(Cr, Mn, Fe)[56]和 Zn-Mg-(Y, Gd, Tb, Dy, Ho, Er)[57-58]等铝基和非铝基合金系中都含有亚稳态准晶体。稳定准晶体是以热力学稳定的状态存在的，现在已经可以利用常规制备和固态热处理的手段制备结构完整的许多其他二元和三元合金系统的稳定准晶体[34,59-60]。最近，克卢埃娃(M. Klyueva)等[61]在 Al-Cu-Co-Fe 体系中发现了新的稳定的二十面体准晶体，认为它们会显示实际应用的最佳潜力[62]。他们是借助于相关相图完成实验的(图 3-48)[63]。

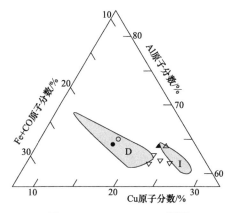

图 3-48　Al-Cu-(Fe,Co)相图
十边形的 Cu-Co 和二十面体 Al-Cu-Fe 的稳定区域显示为灰色区域，
分别标记为 D 和 I

3.4.4　准晶体的制备

准晶相最初是通过熔体急冷法实现的。随着技术发展，准晶体的制备方法越

来越多，如提拉法、布里奇曼法、自助熔剂法、浮区法、磁控溅射及物理/化学气相沉积法等都可用于制备准晶体系[64-69]。现在的准晶体制备条件已经可以满足制备高纯度大尺寸的准晶体，为深入研究准晶体奠定了基础。

3.4.5 准晶体的应用

准晶体具有低表面能[70]、低摩擦因数[71]、耐磨损[71-73]、优异的弥散强化特性[74]、高硬度[75]、高温塑性[76]、高热阻[77]、耐腐蚀[78]、高电阻[79]、储氢[80]等特点，同时块体准晶所表现出来的室温下高脆性[81]，已应用在复合材料、表面涂层、块体准晶制备、储氢材料、光学材料等方面。除了这些工业应用以外，准晶体的应用还包括不粘锅[82]，这要得益于相应合金摩擦性低、硬度高和表面反应性低。经过小型准晶体颗粒硬化处理的钢可用作针刺和手术用针、牙科器械和剃须刀刀片。除了金属，科学家在其他材料中也发现了准晶体，包括聚合物和纳米粒子混合物。计算机模拟显示，准晶体的应用将会更加广泛。

3.4.6 准晶体发现和研究的意义

(1) 准晶体的发现扩大了晶体学的范畴，既包括有周期性平移对称的传统晶体，也包括只有准周期性平移的准晶体。没有周期性平移的约束，旋转也就不限于传统晶体中的常见几种，而可能有 5 次及 6 次以上的旋转堆成，这对传统晶体学无疑是一个重要的补充和发展[83]。

(2) 准晶体的发现是人类对自然界规律的一次深入认识。舍特曼的论文一石激起千层浪，立即在晶体学界以及与之密切相关的凝聚态物理、固体化学、材料科学、矿物学等领域产生了轩然大波。几乎同时，美国宾夕法尼亚大学的莱文(D. Levin)和斯坦哈特(P. J. Steinhardt)在研究具有 5 次对称的原子簇时，从理论上研究了这种具有二十面体对称性的结构，最终计算出与二十面体对称相对应的衍射图样，并称这种无平移周期性但有位置序的晶体为准晶体。将其理论研究成果发表在 *Physical Review Letters* 上[84]，为准晶体研究奠定了基础。从此，准晶体一词正式亮相。斯坦哈特并不满足于实验室的研究，他还研究天然准晶体。他集结了一支团队，成员包括一名地学科学家、一名电子显微镜专家和一名本科生，开始了一场寻找天然准晶体的旅程。他们在尘封的档案中埋首翻找多年的资料，却一无所获。直到 2009 年 1 月 2 日，来自意大利佛罗伦萨自然历史博物馆的一个匣子抵达了普林斯顿，里面是一块罕见矿石——铝锌铜矿，研究人员确定这是他们发现的第一个天然准晶体(之后被命名为二十面体石，图 3-49)。他们推测该样本可能发现于俄罗斯偏远的火山岛堪察加半岛。2011 年，斯坦哈特在那里领导开展了一次野外考察，旨在搜寻他们认为可能包含准晶体原始来源的溪流。最终，他们搞清楚了上述天然准晶体来自一块陨石[85]，而该陨石还包含第二个天然准晶体——十面体石。这种新矿物质由铝、铜和铁组成。分析表明，准晶体结构能天然形成而且也能在自然环境下保持稳定。它可能来源于火星和木星之间、绕太阳运行的小行星泾神星。

图 3-49　天然准晶体

(3) 对于准晶体的发现绝不只在实验室中，研究也绝不会停留在理论上。它的应用范围不只是准晶材料，在相关学科的发展中应用也很广泛[86-87]。特别是后来科学家又在自然界中发现了软准晶体[88]。此后，许多材料相继进入了软准晶系列，包括液晶[89]、聚合物[90-91]、纳米颗粒[92]、胶体[93]、介孔氧化硅[94]等。这些软准晶材料在电子学、传感器、离子液体纳米反应器中具有理想的潜在应用。

(4) 准晶体的发现体现了科学家献身科学的精神。不管是舍特曼和斯坦哈特，还是我国准晶体研究领域的国际知名科学家中国科学院院士郭可信(1923—2006)[95-96]，他们身上都体现了勇于探索的科学精神。

舍特曼　　　　　　　斯坦哈特　　　　　　郭可信

参 考 文 献

[1] Feng X, Zhai J, Jiang L. Angew Chem Int Ed, 2005, 44(32): 5115-5118.

[2] Zhang J T, Li X L, Sun X M, et al. J Phys Chem B, 2005, 109 (25): 12544-12548.

[3] Colodrero S, Mini A, Häggman L, et al. Adv Mater, 2009, 21: 764-770.

[4] Kittle C. Introduction to Solid State Physics. 7th ed. New York: John Willey & Sons, 1996: 12.

[5] Olijnyk H, Sikka S K, Holzapfel W B. Phys Lett A, 1984, 103(3): 137-140.

[6] Pauling L. J Am Chem Soc, 1929, 51(4): 1010-1026.

[7] Andersen T K, Fong D D, Marks L D. Surf Sci Rep, 2018, 73(5): 213-232.

[8] Kenyon P T, Andrews L, McCollum B, et al. IEEE J Quantum Elect, 1982, 18(8): 1189-1197.

[9] Struve B, Huber G, Laptev V V, et al. Appl Phys B, 1982, 28: 235-236.

[10] Struve B, Huber G, Laptev V V, et al. Appl Phys B, 1983, 30: 117-120.

[11] Jüstel T, Nikel H, Ronda C. Angew Chem Int Ed, 1998, 37: 3084-3103.

[12] 肖志国. 半导体照明发光材料及应用. 北京: 化学工业出版社, 2008.

[13] Schubert E F, Kim J K. Science, 2005, 308(5726): 1274-1278.

[14] Feldmann C, Jüstel T, Ronda C R, et al. Adv Funct Mater, 2003, 13(7): 511-516.

[15] Wang B, Lin H, Xu J, et al. ACS Appl Mater & Interf, 2014, 6(24): 22905-22913.

[16] Li J, Yan J, Wen D, et al. J Mater Chem C, 2016, 4(37): 8611-8623.

[17] Adachi S, Takahashi T J. Appl Phys, 2009, 106: 013516(1-6).

[18] Xu Y K, Adachi S. J Electrochem Soc, 2011, 158(3): J58-J65.

[19] Kasa R, Adachi S. J Electrochem Soc, 2012, 159(4): J89-J95.

[20] Jiang X Y, Pan Y X, Huang S M, et al. J Mater Chem C, 2014, 2(13): 2301-2306.

[21] Lv L F, Jiang X Y, Huang S M, et al. J Mater Chem C, 2014, 2(20): 3879-3884.

[22] Jiang X Y, Chen Z, Huang S M, et al. Dalton Trans, 2014, 43(25): 9414-9418.

[23] Wei L L, Lin C C, Fang M H, et al. J Mater Chem C, 2015, 3(8): 1655-1660.

[24] Huang L, Zhu Y W, Zhang X J, et al. Chem Mater, 2016, 28(5): 1495-1502.

[25] Hou Z Y, Tang X Y, Luo X F, et al. J Mater Chem C, 2018, 6(11): 2741-2746.

[26] Iijima S. Nature, 1991, 354(6348): 56-58.

[27] 张强, 黄佳琦, 赵梦强, 等. 中国科学: 化学, 2013, 43(6): 641-666.

[28] Hersam M C. Nature Nanotech, 2008, 3(7): 387-394.

[29] Baughman R H, Zakhidov A A, De Heer W A. Science, 2002, 297(5582): 787-792.

[30] Tessonnier J P, Su D S. Chem Sus Chem, 2011, 4(7): 824-847.

[31] Verma A R. Nature, 1951, 168: 430-431.

[32] 汪卫华. 物理学进展, 2013, 33(5): 177-351.

[33] Bindi L, Steinhardt P J, Yao N, et al. Science, 2009, 324(5932): 1306-1309.

[34] Shechtman D, Blech I, Gratias D, et al. Phys Rev Lett, 1984, 53: 1951-1954.

[35] Zhang Z, Ye H Q, Kuo K H. Philos Mag A, 1985, 52(6): L49-L52.

[36] Ohashi W, Spaepen F. Nature, 1987, 330(6148): 555-556.

[37] Abe E, Tsai A P. Phys Rev Lett, 1999, 83(4): 753-756.

[38] Guo J Q, Abe E, Tsai A P. Phys Rev B, 2000, 62(22): R14605-R14608.

[39] Tian Y, Huang H, Yuan G, et al. Mater Lett, 2014, 130: 236-239.

[40] Wang N, Chen H, Kuo K H. Phys Rev Lett, 1987, 59(9): 1010-1013.

[41] Cao W, Ye H Q, Kuo K H. Phys Status Solidi(a), 1988, 107(2): 511-519.

[42] Ma X L, Kuo K H. Metall Trans A, 1992, 23(4): 1121-1128.

[43] Naumović D, Aebi P, Schlapbach L, et al. Phys Rev Lett, 2001, 87(19): 195506(1-4).

[44] Abe E, Tsai A P. J Alloys Compd, 2002, 342(1-2): 96-100.

[45] Li H, Ma H, Hou L, et al. J Alloys Compd, 2017, 701: 494-498.

[46] Ishimasa T, Nissen H U, Fukano Y. Phys Rev Lett, 1985, 55(5): 511-513.

[47] Conrad M, Krumeich F, Harbrecht B. Angew Chem Int Ed, 1998, 37(10): 1383-1386.

[48] Ye X C, Chen J, Irrgang M E, et al. Nat Mater, 2017, 16(2): 214-219.

[49] 林志忠. 物理, 2017, 46(6): 396-398.

[50] Vainshtein B K, Fridkin V M. Fundamentals of Crystals: Symmetry, and Methods of Structural Crystallography. Berlin Heidelberg: Springer-Verlag, 1994.

[51] 崔云昊. 大自然探索, 1989, 4: 92-97.

[52] 陈敬中. 地球科学, 1993, (S1): 1-12.

[53] Shechtman D, 王丽娜. 科技导报, 2016, 34(22): 103-104.

[54] Takakura H, Gomez C P, Yamamoto A, et al. Nat Mater, 2007, 6(1): 58-63.

[55] Tsai A P, Inoue A, Masumoto T. Mat Trans JIM, 1989, 30(2): 150-154.

[56] Tsai A P, Inoue A, Masumoto T. J Mater Sci Lett, 1988, 7(4): 322-326.

[57] Luo Z, Zhang S, Tang Y, et al. Scripta Metal Mater, 1993, 28(12): 1513-1518.

[58] Niikura B A, Tsai A P, Inoue A, et al. Philos Mag Lett, 1994, 69(6): 351-355.

[59] Huttunen-Saarivirta E. J Alloys Compd, 2004, 363(1-2): 154-178.

[60] Dubost B, Lang J M, Tanaka M, et al. Nature, 1986, 324(6092): 48-50.

[61] Klyueva M, Shulyatev D, Andreev N, et al. J Alloys Compd, 2019, 801(15): 478-482.

[62] Dubois J M. Chem Soc Rev, 2012, 41(20): 6760-6777.

[63] Grushko B, Velikanova T Y. J Alloy Comp, 2004, 367(1-2): 58-63.

[64] Meisterernst G, Bauer B, Gille P. Acta Phys Pol A, 2013, 124(2): 344-349.

[65] Cui C, Tsai A P. J Cryst Growth, 2009, 312(1): 131-135.

[66] Cui C, Tsai A P. Philos Mag, 2011, 91(19-21): 2443-2449.

[67] Tsai A P, Sato T J, Guo J Q, et al. J Non-Cryst Solids, 1999, 250: 833-838.

[68] Huang H, Meng D, Lai X, et al. Vacuum, 2015, 122(A): 147-153.

[69] Kamalakaran R, Singh A K, Srivastava O N. Phys Rev B, 2000, 61(19): 12686-12688.

[70] Dubois J M. Mater Sci Eng A, 2000, 294: 4-9.

[71] Rabson D A. Prog Surf Sci, 2012, 87(9-12): 253-271.

[72] Olsson S, Broitman E, Garbrecht M, et al. J Mater Res, 2016, 31(2): 232-240.

[73] Brunet P, Zhang L M, Sordelet D J, et al. Mater Sci Eng A, 2000, 294: 74-78.

[74] Inoue A, Zhang T, Chen M W, et al. Mater Trans, 1999, 40(12): 1382-1389.

[75] Wittmann R, Urban K, Schandl M, et al. J Mater Res, 1991, 6(6): 1165-1168.

[76] Yokoyama Y, Inoue A, Masumoto T. Mater Trans JIM, 1993, 34(2): 135-145.

[77] S´nchez A, García de Blas F J, Algaba J M, et al. MRS Online Proceedings Library Archive. Cambridge: Cambridge University Press, 1998, 553: 447-458.

[78] Dubois J M, Kang S S, Massiani Y. J Non-Cryst Solids, 1993, 153: 443-445.

[79] Miglierini M, Nasu S. Mater Trans JIM, 1993, 34(2): 178-187.

[80] Stroud R M, Viano A M, Gibbons P C, et al. Appl Phys Lett, 1996, 69(20): 2998-3000.

[81] Lubensky T C, Ramaswamy S, Toner J. Phys Rev B, 1986, 33(11): 7715-7719.

[82] Dubois J M, Weinland P. French Patent, 1988, 2635117(4).

[83] 郭可信. 中国科学基金, 1990, 4: 12-17.

[84] Levine D, Steinhardt P J. Phys Rev Lett, 1984, 53(26): 2477-2480.

[85] Bindi L, Steinhardt P J, Yao N, et al. Science, 2009, 324(5932): 1306-1309.

[86] 张利明, 董闯. 材料导报, 2000, 1: 22-24.

[87] 李志强, 徐洲, 李小平, 等. 材料导报, 2002, 2: 9-11

[88] Zeng X B, Ungar G, Liu Y S, et al. Nature, 2004, 428: 157-160.

[89] Ungar G, Liu Y S, Zeng X B, et al. Science, 2003, 299(5610): 1208-1211.

[90] Takano A, Kawashima W, Noro A, et al. J Polym Sci Part B: Polym Phys, 2005, 43(18): 2427-2432.

[91] Lee S, Bluemle M J, Bates F S. Science, 2010, 330(6002): 349-353.

[92] Talapin D V, Shevchenko E V, Bodnarchuk M I, et al. Nature, 2009, 461(7266): 964-967.

[93] Fischer S, Exner A, Zielske K. Proc Natl Acad Sci USA, 2011, 108(5): 1810-1814.

[94] Xiao C, Miyasaka K, Fujita N, et al. Nature, 2012, 487: 349-353.

[95] 周公度, 郭可信. 晶体和准晶体的衍射. 北京: 北京大学出版社, 1999.

[96] 郭可信. 准晶研究. 杭州: 浙江科学技术出版社, 2004.

第一类：学生自测练习题

1. 是非题(正确的在括号中填"√"，错误的填"×")

(1) 在多种冰晶体中，每个水分子周围均有通过氢键连接的 4 个邻近水分子。
                                                             (   )

(2) 曹原及其团队发现两层石墨烯叠加并转角接近魔角时在常温下具有超导性。
                                                             (   )

(3) 玻色-爱因斯坦凝聚导致超流现象。   (   )

(4) 等离子体是由原子或原子团被电离后产生的正、负离子组成的离子化气体状物质，是一种很好的导电体。   (   )

(5) 维持液体恒温恒压下蒸发所必需的热量称为液体的蒸发热。蒸发热与液体的本质有关，还与蒸发时所处的温度有关。   (   )

(6) 水的冰点是标准大气压下被空气饱和了的水与冰处于平衡时的温度。 (   )

(7) 相同温度下，相等质量的氢气和氧气分子的平均动能不同。   (   )

(8) 使气体液化的条件是温度高于临界温度，且压力低于临界压力。   (   )

(9) 范德华方程是在理想气体状态方程的基础上修正的，所以修正后范德华方程中的压力指理想气体的压力，体积是理想气体的体积。   (   )

(10) 实际存在的晶体既有完美晶体也有缺陷晶体。   (   )

2. 选择题

(1) 下列被称为物质第五态的是   (   )

    A. 等离子态和超固态   B. 玻色-爱因斯坦凝聚态

    C. 等离子态和超流态   D. 等离子态和超导态

(2) 下列哪种情况下，真实气体的性质与理想气体相近 （   ）

    A. 低温高压　　　　B. 低温低压　　　　C. 高温低压　　　　D. 高温高压

(3) 质量小于 $0.5M_{\odot}$ 的恒星在氢聚变后会演化为 （   ）

    A. 黑洞　　　　　　B. 白矮星　　　　　C. 中子星　　　　　D. 以上三者都不是

(4) 盛 NH_3 的容器打开后 15 s，整个房间都闻到了臭味，在相同条件下闻到 H_2S 的气味所需的时间是(原子量：N 14，S 32) （   ）

    A. 30 s　　　　　　B. 21 s　　　　　　C. 11 s　　　　　　D. 8 s

(5) 液体沸腾时，下列哪种性质的值在增加 （   ）

    A. 熵　　　　　　　B. 蒸气压　　　　　C. 蒸发热　　　　　D. 吉布斯自由能

(6) 在 10℃和 101.3 kPa 下，于水面上收集到 1.5 L 某气体，则该气体的物质的量为(已知 10℃水的蒸气压为 1.2 kPa) （   ）

    A. 6.4×10^{-2} mol　　　　　　　　B. 2.4×10^{-2} mol

    C. 1.3×10^{-3} mol　　　　　　　　D. 7.9×10^{-4} mol

(7) 真实气体对理想气体状态方程产生偏差的原因是 （   ）

    A. 分子有能量　　　　　　　　　　B. 分子有体积

    C. 分子间有作用力　　　　　　　　D. 分子有体积和分子间有作用力

(8) 现有 1 mol 理想气体，它的摩尔质量为 M，密度为 d，在温度 T 下体积为 V，下述关系正确的是 （   ）

    A. $pV = (M/d)RT$　　　　　　　　B. $pVd = RT$

    C. $pV = (d/n)RT$　　　　　　　　D. $pM/d = RT$

(9) 导电性最好的晶体是 （   ）

    A. 金属晶体　　　　B. 离子晶体　　　　C. 分子晶体　　　　D. 原子晶体

(10) 晶胞参数特征为 $a=b\neq c$，$\alpha=\beta=\gamma=90°$ 的晶体结构属于下列哪个晶系 （   ）

    A. 立方　　　　　　B. 三方　　　　　　C. 四方　　　　　　D. 六方

3. 填空题

(1) 超导体都具有两个突出的性质：一是_____；二是_____。高温超导通常是指在_____以上的超导材料。

(2) 玻色-爱因斯坦凝聚是一种微观粒子的_____而产生的_____。

(3) 1955 年人工合成金刚石是在高压条件下进行的。通常这种合成都采用高压和_____两种条件交加，目的是寻求其产物能够在恢复常温常压状态时仍保持其合成时的_____。

(4) 恒星在氢聚变或核聚变后塌缩演化为密度极高的致密星，即_____、

_____和_____。

(5) 温度为 T 时，在容器为 V 的真空容器中充入 $N_2(g)$ 和 $Ar(g)$，容器内压力为 a。已知 $N_2(g)$ 的分压为 b，则 $Ar(g)$ 的分压为_____；$N_2(g)$ 和 $Ar(g)$ 的分体积分别为_____和_____；$N_2(g)$ 和 $Ar(g)$ 的物质的量分别为_____和_____。

(6) 实际气体与理想气体发生偏差的主要原因是_____，_____。

(7) 在实际气体的临界温度以下，对气体进行压缩，在恒温下将气体的压力 p 对体积 V 作图，图中有一段水平直线，这是由于_____；该直线所对应的压力就是_____。

(8) 已知水的 K_f=1.86 K·kg·mol^{-1}，若尿素水溶液的凝固点是–0.372℃，则此溶液质量摩尔浓度是_____mol·kg^{-1}。

(9) 根据晶体结构所具有的特征_____，可将晶体分成_____大晶系，_____种空间点阵形式。

(10) CO_2、SiO_2、MgO 和 Ca 的晶体类型分别属于_____、_____、_____和_____，其中熔点最高的是_____，熔点最低的是_____。

4. 计算题

(1) 某 CH_4 储气柜容积为 1000 m^3，气柜压力为 103 kPa。若夏季最高温度为 41℃，冬季最低温度为–25℃。冬季比夏季能多装多少千克 CH_4？

(2) 一定体积的氢和氖混合气体，在 27℃时压力为 202 kPa，加热使该气体的体积膨胀至原体积的 4 倍时，压力变为 101 kPa。(原子量：Ne 20.2)
   ① 膨胀后混合气体的最终温度是多少？
   ② 若混合气体中 H_2 的质量分数是 25.0%，原始混合气体中氢气的分压是多少？

(3) 已知在 57℃时水的蒸气压为 17.3 kPa。将空气通过 57℃的水，用排水集气法在 101 kPa 下收集 1.0 L 气体。
   ① 将此气体降压至 50.5 kPa(温度不变)，求气体总体积。
   ② 若将此气体在 101 kPa 下升温至 100℃，求气体总体积。

(4) 在标准状况下，某混合气体中含有 80.0%的 CO_2 和 20.0%的 CO(按质量计)。100 mL 该混合气体的质量是多少克？CO_2 和 CO 的分压各是多少千帕？它们的分体积各是多少毫升?(原子量：C 12.0，O 16.0)

(5) 将氨气和氯化氢气体分别置于一根长 120 cm 的玻璃管的两端，并使其自由扩散。两气体在玻璃管的什么地方相遇而生成白烟？(分子量：NH$_3$ 17.0，HCl 36.5)

(6) 在 40.0℃时，1.00 mol $CO_2(g)$ 在 1.2 L 容器中，实验测定其压力为 0.997 MPa。试分别用理想气体状态方程和范德华方程计算 CO_2 的压力，并与实验值比较。已知：范德华常数 $a/(m^6 \cdot Pa \cdot mol^{-2}) = 0.3639$，$b/(m^3 \cdot mol^{-1})= 4.267×10^{-5}$。

(7) 为了使溶液的凝固点为-2.0℃，需向 1.00 kg 水中加入多少克尿素$[CO(NH_2)_2]$？该溶液在标准压力下的沸点是多少？尿素分子量为 60.0。已知水的 $K_f =$ 1.86 K $\cdot$ kg $\cdot$ mol^{-1}，K_b=0.518 K $\cdot$ kg $\cdot$ mol^{-1}。

(8) 已知苯的摩尔蒸发热为 32.3 kJ $\cdot$ mol^{-1}，在 60℃时测得苯的蒸气压 51.58 kPa，苯的正常沸点是多少？

(9) 某水溶液的凝固点是-1.000℃，求该溶液的：① 沸点；② 25℃时的蒸气压；③ 0℃时的渗透压。已知水的 K_f=1.86 K $\cdot$ kg $\cdot$ mol^{-1}，K_b=0.518 K $\cdot$ kg $\cdot$ mol^{-1}，25℃时水的蒸气压为 3.168 kPa。

(10) 称取某碳氢化合物 3.20 g，溶于 50.0 g 苯(K_f=5.12 K $\cdot$ kg $\cdot$ mol^{-1})中，测得溶液的凝固点比纯苯下降了 0.256℃。

① 计算该碳氢化合物的摩尔质量。

② 若上述溶液在 25℃时的密度为 0.920 g $\cdot$ cm^{-3}，计算溶液的渗透压。

第二类：课后习题

1. 区分下列概念。
   (1) 物质的第四态和物质的第五态。
   (2) 理想气体中组分气体的分压和分体积。
   (3) 物质的量浓度，质量摩尔浓度，摩尔分数，质量分数。
   (4) 理想气体状态方程和范德华方程。
   (5) 结构单元和点阵结构。
   (6) 晶体与准晶体。

2. 实际晶体产生缺陷的原因有哪些？缺陷对晶体有什么影响？

3. 判断下列说法是否正确，并说明理由。
   (1) 理想气体状态方程能用来确定恒温下蒸气压如何随体积的变化而改变。
   (2) 理想气体状态方程能用来确定在恒容条件下蒸气压如何随温度而改变。

4. 在一密闭的玻璃罩钟内有浓度不同的两个半杯糖水，经过长时间放置后，将发生什么变化？为什么？

5. 在常温下，将 N_2O_4 通入密闭容器中，使其建立下列平衡：$N_2O_4 \rightleftharpoons 2NO_2$，

这时在同温同体积下进行比较，总压力变为原来的 1.5 倍。在这种情况下：

(1) NO_2 分子和 N_2O_4 分子的物质的量之比是多少？

(2) 如果总压力为 303.975 kPa，则 NO_2 的分压是多少？

6. 下图为水的相图示意图，说明图中 OA 线、OB 线、OC 线的物理意义。

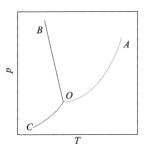

7. 在体积为 482 cm³ 的密闭容器中有 0.105 g 水。在 50.0℃时，其中蒸气和液体的质量各是多少？(50.0℃时水的饱和蒸气压为 12.3 kPa)

8. 某非电解质 6.89 g 溶于 100 g 水中，将溶液分成两份，一份测得凝固点为 −1.00℃，另一份测得渗透压在 0℃时为 1.22×10^3 kPa。根据凝固点降低实验计算该物质的分子量，并判断渗透压实验是否基本准确。水的 $K_f = 1.86 \text{ K} \cdot \text{kg} \cdot \text{mol}^{-1}$。

9. 画出下列两个二维点阵的晶胞。

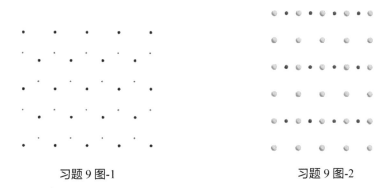

习题 9 图-1   习题 9 图-2

10. 从晶体结构的特点解释为什么金刚石和石墨虽互为同素异形体，金刚石硬度大，熔点、沸点高却不导电，而石墨是电的良导体且具有润滑性。

第三类：英文选做题

1. Slowly add 100 g 95% H_2SO_4 to 400 g H_2O and the density of sulfuric acid solution is 1.13 g · cm⁻³, calculate the solution concentration. The molecular weight of H_2SO_4

is 98.

(1) Mass fraction.

(2) Molarity.

(3) Molality.

(4) Mole fraction.

2. Determine the following crystal types and put them in order according to the melting point CaO, NaCl, HCl, SiC.

3. At 273 K, 4.0 dm^3 N_2 and 1.0 dm^3 O_2 under the same initial pressure were compressed into a vacuum container of 2.0 dm^3, the total pressure of the mixed gas is 3.26×10^5 Pa. Calculate:

(1) The initial pressure of N_2 and O_2.

(2) Partial pressure of components in the mixed gas.

(3) Amount of substance of components in the mixed gas.

4. On top of Mount Qomolangma, the boiling point of water is 70℃. Calculate the atmospheric pressure here[$\Delta_{vap}H_m(H_2O)$=41.2 kJ · mol^{-1}].

5. Explain briefly colligative properties of dilute solution.

参 考 答 案

学生自测练习题答案

1. 是非题

(1) (√)　　　(2) (×)　　　(3) (√)　　　(4) (×)　　　(5) (√)

(6) (√)　　　(7) (×)　　　(8) (×)　　　(9) (×)　　　(10) (×)

2. 选择题

(1) (B)　　　(2) (C)　　　(3) (B)　　　(4) (B)　　　(5) (A)

(6) (A)　　　(7) (D)　　　(8) (D)　　　(9) (A)　　　(10) (C)

3. 填空题

(1) 临界温度 T_c 以下的电阻为零，显示迈斯纳效应，液氮温度(77 K)。

(2) 量子性质，宏观现象。

(3) 高温，特殊结构和性能。

(4) 白矮星，中子星，黑洞。

(5) $a-b$, $\dfrac{b}{a}V$, $\dfrac{a-b}{a}V$, $\dfrac{bV}{RT}$, $\dfrac{a-b}{RT}V$ 。

(6) 实际分子具有一定的体积，分子间有一定的作用力。

(7) 气体发生了液化，液体在该温度下的饱和蒸气压。

(8) 0.200。

(9) 对称元素，七，14。

(10) 分子晶体，原子晶体，离子晶体，金属晶体，MgO，CO_2。

4. 计算题

(1) **解**　$pV = nRT$，当 p、V 一定时，n 随 T 变

$$\Delta n = \frac{pV}{R} \times \left[\frac{1}{T(\text{冬})} - \frac{1}{T(\text{夏})} \right] = 103 \times \frac{1.00 \times 10^6}{8.314} \left(\frac{1}{248} - \frac{1}{314} \right) = 10.5 \times 10^3 (\text{mol})$$

$$\Delta m_{\text{CH}_4} = 10.5 \times 16.0 = 168 \ (\text{kg})$$

(2) 解 ① 设膨胀前为状态 1，膨胀后为状态 2，则 $\dfrac{p_1 V_1}{T_1} = \dfrac{p_2 V_2}{T_2}$，即

$$\frac{202 \times V}{300} = \frac{101 \times 4V}{T_2}$$

则
$$T_2 = 600 \ (\text{K})$$

②
$$p_{\text{H}_2} = p x_{\text{H}_2} \qquad x_{\text{H}_2} = \frac{n_{\text{H}_2}}{n_{\text{H}_2} + n_{\text{Ne}}}$$

$$n_{\text{H}_2} = \frac{25.0}{2.00} = 12.5 (\text{mol}) \qquad n_{\text{Ne}} = \frac{75.0}{20.2} = 3.71 (\text{mol})$$

$$x_{\text{H}_2} = \frac{12.5}{12.5 + 3.71} = 0.771 \qquad p_{\text{H}_2} = 202 \times 0.771 = 156 (\text{kPa})$$

(3) 解 ①
$$p_1 V_1 = p_2 V_2 \qquad 101 \times 1.0 = 50.5 \times V_2$$

则
$$V_2 = \frac{101 \times 1.0}{50.5} = 2.0 (\text{L})$$

②
$$\frac{V_1}{T_1} = \frac{V_2}{T_2} \qquad \frac{1.0}{330} = \frac{V}{373}$$

则
$$V = \frac{373 \times 1.0}{330} = 1.1 (\text{L})$$

(4) 解 混合气体的平均分子量为 $44.0 \times 80.0\% + 28.0 \times 20\% = 40.8$

则 100 mL 混合气体质量为 $\dfrac{40.8}{22.4} \times 0.100 = 0.182 (\text{g})$

则 100 mL 混合气体中

$$n_{\text{CO}_2} = \frac{0.182 \times 80\%}{44.0} = 3.31 \times 10^{-3} (\text{mol})$$

$$n_{\text{CO}} = \frac{0.182 \times 20\%}{28.0} = 1.30 \times 10^{-3} (\text{mol})$$

所以
$$x_{\text{CO}_2} = \frac{3.31 \times 10^{-3}}{3.31 \times 10^{-3} + 1.30 \times 10^{-3}} = 0.718$$

$$x_{\text{CO}} = \frac{1.30 \times 10^{-3}}{1.30 \times 10^{-3} + 3.31 \times 10^{-3}} = 0.282$$

则 $\qquad$ $V_{CO_2} = 0.718 \times 100 = 71.8$ (mL) $\qquad$ $V_{CO} = 0.282 \times 100 = 28.2$ (mL)

$$p_{CO_2} = 0.718 \times 101.325 = 72.75 \text{ (kPa)}$$

$$p_{CO} = 0.282 \times 101.325 = 28.57 \text{ (kPa)}$$

(5) **解** 根据气体扩散定律 $\dfrac{v_2}{v_1} = \sqrt{\dfrac{\rho_1}{\rho_2}} = \sqrt{\dfrac{M_1}{M_2}}$ ，则

$$\frac{v_{NH_3}}{v_{HCl}} = \sqrt{\frac{M_{HCl}}{M_{NH_3}}} = \sqrt{\frac{36.5}{17.0}} = 1.4653$$

所以白烟出现在距氨的那端

$$\frac{1.4653}{1+1.4653} \times 120 = 71.3 \text{(cm)}$$

(6) **解** 根据理想气体状态方程

$$p = \frac{nRT}{V} = \frac{1.00 \times 8.314 \times 313}{1.20} = 2.17 \times 10^3 \text{(kPa)}$$

根据范德华方程

$$\left(p + \frac{363.9}{1.20^2}\right)(1.20 - 0.04267) = 8.314 \times 313$$

$$p = 1.99 \times 10^3 \text{ (kPa)}$$

(7) **解** 难挥发、非电解质稀溶液凝固点下降公式为

$$\Delta T_f = K_f m$$

$$2.0 = 1.86m$$

$$m = \frac{2.0}{1.86} = 1.08 \text{(mol} \cdot \text{kg}^{-1})$$

则 1.00 kg 水中应加入尿素 $1.08 \times 60.0 = 64.8$ (g)。

根据难挥发、非电解质稀溶液沸点升高公式 $\Delta T_b = K_b m$

$$\Delta T_b = 0.518 \times 1.08 = 0.56 \text{ (K)}$$

由于水的正常沸点为 100℃，该溶液的沸点应是 100.56℃。

(8) **解** 即计算当苯的蒸气压为 101.3 kPa 时的温度。

由克拉佩龙-克劳修斯方程式的两点式

$$\lg \frac{p_2}{p_1} = \frac{\Delta H}{2.303R}\left(\frac{T_2 - T_1}{T_2 T_1}\right)$$

即

$$\lg \frac{101.3}{51.58} = \frac{32.3 \times 1000}{2.303 \times 8.314} \left(\frac{T_2 - 333}{T_2 \times 333} \right)$$

解得

$$T_2 = 353 \text{ K}$$

(9) **解** ①

$$\Delta T_f = K_f m \qquad m = \frac{\Delta T_f}{K_f} = \frac{1.00}{1.86}$$

$$\Delta T_b = K_b m = 0.518 \times \frac{1.00}{1.86} = 0.278(℃)$$

因此该溶液的沸点为 $100 + 0.278 = 100.278(℃)$

② 已知

$$m = \frac{1.00}{1.86} = 0.538(\text{mol} \cdot \text{kg}^{-1})$$

$$p_A = p_A^0 x_A$$

$$p_A = 3168 \times \frac{\dfrac{1000}{18}}{\dfrac{1000}{18} + 0.538} = 3138(\text{Pa})$$

③ 因为溶液较稀，所以 $m \approx c$，则

$$\Pi = cRT = 0.538 \times 8.314 \times 273 = 1221 \text{ (kPa)}$$

(10) **解** ①

$$\Delta T_f = K_f m$$

$$m = \frac{\Delta T_f}{K_f}$$

设该未知物的摩尔质量为 M，则

$$0.256 = 5.12 \times \frac{3.20 \times 1000}{M \times 50.0}$$

$$M = 1280(\text{g} \cdot \text{mol}^{-1})$$

②

$$\Pi = cRT$$

该溶液 1 dm³ 为 920 g，含该未知物 $\dfrac{3.20 \times 920}{1280 \times (50.0 + 3.20)} = 0.04323(\text{mol} \cdot \text{dm}^{-3})$，因此

$$\Pi = 0.04323 \times 8.314 \times 298 = 107 \text{ (kPa)}$$

课后习题答案

1. (1) 除去固、液、气外，物质存在的第四态为等离子体，又称为电浆，是由部
   分电子被剥夺后的原子及原子团被电离后产生的正、负离子组成的离子化气体

状物质，其尺度大于德拜长度的宏观电中性的电离气体，运动主要受电磁力支配，并表现出显著的集体行为，广泛存在于宇宙中；物质的第五态即玻色-爱因斯坦凝聚态，又称超固态、超密态，具有超流动性或超导性。

(2) 混合气体所占有的体积为总体积 $V_总$，当其中的某组分气体单独存在且占有总体积时，所具有的压力称为该组分气体的分压 p_i，与总体积的关系式为 $p_i V_总 = n_i RT$。混合气体总压力为 $p_总$，当某组分气体单独存在且具有总压时，其所占有的体积称为该组分气体的分体积 V_i，分体积与混合气体总压的关系为 $p_总 V_i = n_i RT$，$V_i/V_总$ 为该组分气体的体积分数。

(3) 物质的量浓度　　　　$c_B = \dfrac{物质B的物质的量}{溶液的体积} = \dfrac{n_B}{V_{sol}}$

质量摩尔浓度　　　　$b_B = \dfrac{物质B的物质的量}{溶剂的质量} = \dfrac{n_B}{m_{sol}}$

摩尔分数　　　　$x_B = \dfrac{物质B的物质的量}{各物质的物质的量之和} = \dfrac{n_B}{n_A + n_B + \cdots}$

质量分数　　　　$w_B = \dfrac{物质B的质量}{混合物的质量}$

(4) 理想气体状态方程为 $pV = nRT$；范德华方程为 $[p_实 + a(n/V)^2](V_实 - nb) = nRT$，是实际气体状态方程的一种，考虑到了实际气体分子间的吸引力及气体分子自身体积，对压力和体积都进行了修正，a、b 称为气体的范德华常数，反映出其与理想气体的偏差程度，a 和 b 的值越大，实际气体偏离理想气体的程度越大。

(5) 结构单元是指结构中周期重复的具体内容，包括粒子的种类、数量及其在空间的排列方式，即周期性重复单元；点阵结构是一个在三维空间无限延伸的三维网格，也称为格子。在点阵结构中每个等同部分(结构基元)中抽出一个相当点，即得到点阵，或者在点阵中的结点上放置结构基元，即产生点阵结构。

(6) 晶体是内部质点在三维空间呈周期性重复排列的固体，具有自范性、均匀性、各向异性、对称性和对 X 射线、电子和中子流的衍射的鲜明特征。准晶体是一种介于晶体和非晶体之间的固体，具有与晶体相似的长程有序的原子排列，但是不具备晶体的平移对称性，而具备宏观对称性。

2. 天然或人工合成的实际晶体均或多或少地存在对理想晶体的偏离，主要有热力学原因、晶体堆垛原因和化学制备原因。

晶体缺陷影响了晶体的对称性，从而影响了晶体的性质，一方面会降低材料的机械强度、导电性、耐腐蚀性、耐磨性和化学反应性，如无缺陷的金属丝会比有缺陷的金属丝的强度高 10000 倍以上；另一方面这种缺陷会使材料具有不同特殊物理化学性质，如荧光材料只有在某种基质晶体中引入"杂质"的发光中心才能起到作用。

3. (1) 不正确。因为液体的蒸气压只与温度有关，而与容器的体积无关。而理想气体状态方程中包括了体积项，且恒温时蒸气压为定值。

(2) 不正确。蒸气压随温度的变化不能用理想气体状态方程确定，而是用克拉佩龙-克劳修斯方程式计算 $\lg \dfrac{p_1}{p_2} = \dfrac{\Delta H}{2.303R}\left(\dfrac{T_1 - T_2}{T_2 T_1}\right)$。

4. 经过长时间的放置后，浓溶液变稀，稀溶液变浓，只要时间足够长，两杯糖水的浓度最终将变得相等。因为溶液的蒸气压下降与溶液的质量摩尔浓度成正比，所以浓溶液的蒸气压较小，稀溶液的蒸气压较大。在密闭的玻璃罩钟内蒸气压对稀溶液是饱和的，对浓溶液则是过饱和的，水蒸气将在浓溶液的液面凝聚为水，这样对稀溶液又是不饱和的了，稀溶液中的溶剂水将继续蒸发，再重复上述过程，直至两杯糖水浓度相等，达到平衡。

5. (1) 设 N_2O_4 初始时为 1 mol，其中已分解 x mol，则

$$N_2O_4 \longrightarrow 2NO_2$$

$$(1-x)\text{mol} \qquad 2x \text{ mol}$$

由于是在同温、同体积下，体系的压力与其物质的量成正比，即

$$\frac{(1-x)+2x}{1} = \frac{1.5}{1}$$

解得 $\qquad\qquad x = 0.5 \text{ (mol)}$

所以物质的量之比 $n_{NO_2} : n_{N_2O_4} = (2 \times 0.5) : (1-0.5) = 2 : 1$。

(2) 由于混合气体中某组分的分压与其摩尔分数成正比，因此

$$p_{NO_2} = \frac{2}{2+1} \times p = \frac{2}{3} \times 303.975 = 202.65 \text{(kPa)}$$

6. 在水的相图中，OA 线、OB 线、OC 线分别表示气-液、液-固和气-固两相的平衡曲线。

OA 线是水的气-液两相平衡线。OB 线是水的凝固点(或冰的熔点)随压力变化曲线。OC 线是冰的蒸气压曲线(或冰的升华曲线)。

7. 若容器中水全部气化，则

$$p = \frac{nRT}{V} = \frac{mRT}{MV} = \frac{0.105 \times 8.314 \times 323}{18.0 \times 0.482} = 32.5 \text{(kPa)}$$

已知 50.0℃时水的饱和蒸气压为 12.3 kPa，说明水没有全部气化，容器中液气

共存，则

$$m_{\text{气}} = \frac{pVM}{RT} = \frac{12.3 \times 0.482 \times 18.0}{8.314 \times 323} = 0.040(\text{g})$$

$$m_{\text{液}} = 0.105 - 0.040 = 0.065(\text{g})$$

8. 设该物质分子量为 M

$$\Delta T_{\text{f}} = K_{\text{f}} m$$

$$1.00 = 1.86 \times \frac{6.89 \times 1000}{M \times 100}$$

解得 $$M = 128$$

$$\Pi = cRT \approx mRT$$

$$\Pi = \frac{6.89 \times 1000}{128 \times 100} \times 8.314 \times 273 = 1222(\text{kPa})$$

实验值与理论计算值基本相等，说明渗透压实验基本准确。

9.

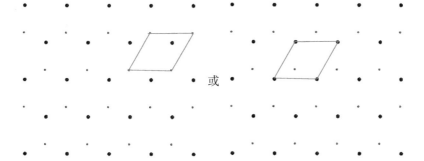

习题 9 图-1

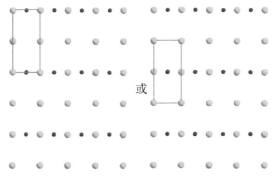

习题 9 图-2

10. 金刚石是典型的原子晶体，每个 C 原子的 sp^3 杂化轨道与四个其他 C 原子以强烈的共价键结合，要破坏这种共价键需要消耗很大的能量，因此其硬度大，熔点、沸点高。由于每个 C 原子外层的四个价电子全部配对，没有能自由运动的电子，因此它不导电。石墨是层片状混合晶体，层内每个 C 原子的 sp^2 杂化轨道与同一平面上的三个 C 原子以共价键结合，有一个未参与杂化的 p 电子垂直于该平面，这些 p 电子相互重叠形成大 π 键，大 π 键的电子是非定域的，可以在整个 C 原子平面层上运动，当接上电源后它们便定向流动，因此石墨具有导电性；石墨晶体的层与层之间是以范德华力结合，距离较远，故层与层之间容易相互滑动，具有润滑性。

英文选做题答案

1. (1)
$$\frac{95.0}{100+400}\times100\%=19.0\%$$

(2) The weight of 1000 mL solution, $1000\times1.13 = 1130(g)$
$$\frac{1130\times0.190}{98.0}=2.19(mol\cdot dm^{-3})$$

(3) The solution contains 405.0 g H_2O and 95.0 g H_2SO_4
$$\frac{95.0\times1000}{98.0\times405.0}=2.39(mol\cdot kg^{-1})$$

(4) H_2SO_4 mole fraction
$$\frac{\dfrac{95.0}{98.0}}{\dfrac{95.0}{98.0}+\dfrac{405}{18.0}}=0.0413$$

H_2O mole fraction $\quad 1.0000-0.0413=0.9587$

2. CaO: ionic crystal, NaCl: ionic crystal, HCl: molecular crystal, SiC: atomic crystal.
The melting point order: SiC > CaO > NaCl > HCl.

3. (1) Under constant pressure: $\quad p_1V_1 = p_2V_2$

$$p_{initial}(4.0+1.0)=326\times2.0 \qquad p_{initial}=130.4\ (kPa)$$

(2) $p_{N_2}=\dfrac{4.0}{4.0+1.0}\times326=260.8(kPa) \qquad p_{O_2}=\dfrac{1.0}{4.0+1.0}\times326=65.2(kPa)$

(3) $\qquad pV=nRT, \qquad n=\dfrac{pV}{RT}$

$$n_{N_2} = \frac{260.8 \times 2.0}{8.314 \times 273} = 0.23(\text{mol})$$

$$n_{O_2} = \frac{65.2 \times 2.0}{8.314 \times 273} = 0.057(\text{mol})$$

4. According to Clapeyron - Clausius equation:

$$\lg \frac{p_2}{p_1} = \frac{\Delta H}{2.303R}\left(\frac{T_2 - T_1}{T_2 T_1}\right)$$

$$\lg \frac{101}{p_1} = \frac{41.2 \times 10^3}{2.303 \times 8.314} \times \frac{373 - 343}{373 \times 343}$$

$$p_1 = 31.6(\text{kPa})$$

5. Colligative properties of dilute solution include vapor pressure lowering, boiling point elevation, freezing point depression and the osmotic pressure. They are only related to the concentration of the solution, not to the solute.

Vapor pressure of the solution decreases under Raoult's law and it is equal to the vapor pressure of the pure solvent multiplied by its mole fraction; the increasing value of the boiling point and the decreasing value of the freezing point are proportional to the molality of the solution; the osmotic pressure is proportional to the molarity of the solution.

新化学元素周期表

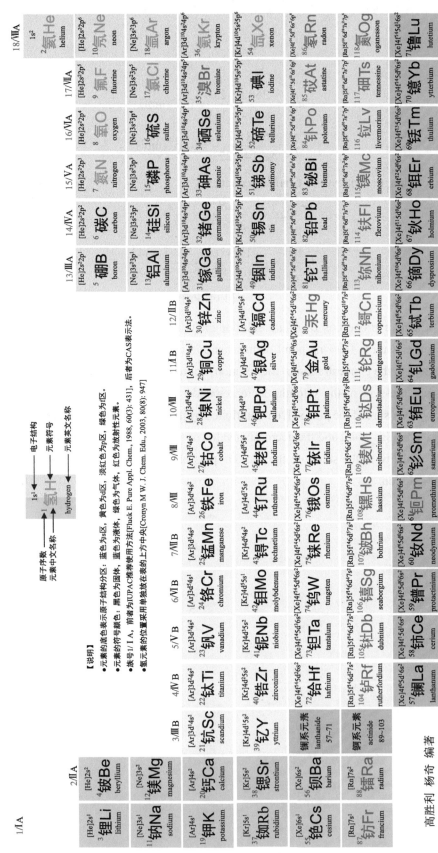

【说明】
- 元素的底色表示原子结构分区：蓝色为s区，黄色为d区，淡红色为p区，绿色为f区。
- 元素的符号颜色：黑色为固体，蓝色为液体，绿色为气体，红色为放射性元素。
- 族号I/IA，前者为IUPAC推荐使用方法[Fluck E. Pure Appl. Chem. 1988, 60(3): 431]，后者为CAS表示法。
- 氢元素的位置采用单独放在表的上方中央[Cronyn M W. J. Chem. Edu. 2003, 80(8): 947]

高胜利 杨奇 编著

（2019年）

科学出版社